NSFC-云南联合基金重点项目（U1302263）
教育部创新团队项目（IRT15R25）
国家自然科学基金（31470155） 资助
湖南省生态学重点学科

毒蘑菇识别与中毒防治

陈作红　杨祝良　图力古尔　李泰辉　编著

科学出版社
北　京

内 容 简 介

蘑菇中毒是我国食物中毒事件中导致死亡的最主要因素，准确鉴别毒蘑菇、把握其中毒症状特征对于预防和治疗蘑菇中毒具有重大意义。本书借助实际生活中发生的典型案例，概述了我国蘑菇中毒现状及特点；依据国内外最新研究前沿进展，全面介绍了不同中毒症状类型的毒蘑菇种类、中毒症状特点、毒素成分及中毒机制、诊断与治疗要旨；描述了常见毒蘑菇的形态学、生态学和分子生物学鉴定方法，指出了民间鉴别毒蘑菇方法的片面性和不可靠性；记载了我国主要毒蘑菇种类 200 种，每种有原生态彩图、形态特征、生态环境、分布及毒性等信息。书末附有参考文献、真菌中文名和拉丁名索引。

本书可供生物资源与生物多样性工作者，疾病预防控制与中毒预防部门工作者，医院急诊与中毒治疗医务工作者，食品卫生与安全部门工作者，野生食用菌采集、加工、销售部门工作者，蘑菇爱好者，户外活动爱好者及大专院校和科研机构有关专业工作者参考。

图书在版编目（CIP）数据

毒蘑菇识别与中毒防治/陈作红 等编著. —北京：科学出版社，2016.7
ISBN 978-7-03-049412-2

I. ①毒⋯ Ⅱ. ①陈⋯ Ⅲ. ①毒蕈–识别 ②食物中毒–防治
Ⅳ. ① S859.87 ② R595.7

中国版本图书馆 CIP 数据核字（2016）第 166337 号

责任编辑：王　静　岳漫宇／责任校对：郑金红
责任印制：赵　博　／封面设计：北京铭轩堂广告设计有限公司

科学出版社 出版
北京东黄城根北街 16 号
邮政编码：100717
http://www.sciencep.com

北京建宏印刷有限公司印刷
科学出版社发行　各地新华书店经销

*

2016 年 7 月第 一 版　　开本：A5（880×1230）
2024 年 11 月第七次印刷　印张：10 1/4
字数：342 000
定价：128.00 元
（如有印装质量问题，我社负责调换）

Poisonous Mushrooms: Recognition and Poisoning Treatment

Authors: CHEN Zuo-Hong, YANG Zhu-Liang, BAU Tolgor, LI Tai-Hui

Science Press
Beijing, China

作者简介

陈作红 湖南师范大学生命科学学院真菌研究室主任、二级教授、博士生导师，中国菌物学会常务理事。长期从事毒蘑菇及其毒素研究。先后主持国家自然科学基金5项、省部级项目10余项。调查了我国蘑菇中毒事件120余起，在蘑菇毒素检测、分离制备、毒性毒理与中毒治疗等研究方面取得良好成绩；在 Fungal Diversity、Toxicon、Journal of the Science of Food and Agriculture、International Journal of Medicinal Mushrooms、FEMS Microbiology Letters、Mycotaxon、《微生物学报》、《菌物学报》等刊物上发表论文60余篇。30余次受国家卫生和计划生育委员会、中国疾病预防控制中心、各省市卫生部门邀请赴蘑菇中毒事故现场进行标本鉴定、指导治疗、技术培训和科普宣传。两次协助中央电视台《走近科学》和《生活567》栏目制作《小心！美味有毒》、《美味杀手：毒蘑菇》专题节目。

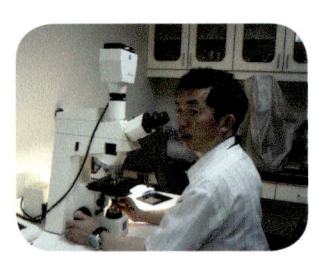

杨祝良 中国科学院昆明植物研究所二级研究员、博士生导师，国家杰出青年基金获得者。主要从事高等真菌分类学、分子系统学、生物地理学研究。现任 Fungal Diversity 主编，《菌物学报》副主编，中国菌物学会副理事长，菌物多样性与系统学专业委员会主任，国际真菌命名法委员会（NCF）委员，世界自然保护联盟（IUCN）物种生存委员会（SSC）真菌专家组成员。先后主持国家基金重点项目、973计划的课题、中国科学院重要方向项目等国家和省部级相关科研项目30余项，在 BMC Evolutionary Biology、Fungal Biology、Fungal Diversity、Fungal Genetics and Biology、Mycologia、Molecular Ecology 及 Scientific Reports 等期刊发表论文180余篇，独著专著3部，合著专著5部，发表4个新亚科、7个新属和100余新种，其中包括毒蘑菇新种30多个。

图力古尔 蒙古族，农学博士，吉林农业大学二级教授、博士生导师，菌类作物博士点学科带头人，泰山学者，蒙古国自然科学院外籍院士，教育部"菌物资源保育与可持续利用"创新团队带头人。兼中国菌物学会理事、中国食用菌协会专家委员会常务委员、《菌物学报》和《菌物研究》编委等职。长期从事菌物多样性研究，采集真菌标本1.5万多份，发现中国新记录真菌120多种，各省区新记录300多种，命名2个新属、25个新种。先后主持国家自然科学基金面上项目5项。在《菌物学报》、《生态学报》、*Mycotaxon*、*Fungal Diversity*等刊物上发表论文110多篇。出版有《多彩的蘑菇世界》、《山东大型真菌生物多样性保育与利用》、《中国药用真菌》等菌物多样性及资源类学术著作，主编含有多种毒蘑菇的《中国真菌志》球盖菇科卷和丝盖伞科卷。

李泰辉 广东省微生物研究所华南微生物资源中心主任、华南应用微生物国家重点实验室副主任，二级研究员、博士生导师，中国科学院大学、华南理工大学和华南农业大学客座教授，中国菌物学会副理事长，广州市食品安全委员会专家委员，《菌物学报》、《菌物研究》、《食用菌学报》和*Mycobiota*等编委，国务院特殊津贴获得者。自1980年起从事大型真菌资源调查、分类与利用研究，发现新种（新变种）110多个（包括一些极毒蘑菇和重要的经济真菌）。主持或参加30多项联合国、国家和省部级科研项目；制定毒蘑菇鉴别国家标准1项，发表论文360多篇（SCI收录80余篇）、专著13本；申请国家发明专利50多件，授权20件，获得国家和省级奖励13项。长期参与毒蘑菇中毒事件调查与鉴定工作，协助医疗机构鉴定毒蘑菇种类及抢救重度中毒患者，在广东省微生物分析检测中心开设毒蘑菇鉴定项目并获得中国合格评定国家认可委员会（CNAS）认可，建立了省级毒蘑菇科普基地，并经常在电视、报纸及网络等媒体上宣传如何预防毒蘑菇中毒的科学知识，以及发布毒蘑菇高发季节预警。

前 言

野生蘑菇由于营养价值高、味道鲜美，作为一种天然食品一直深受世界各国人民的喜爱，但是由于老百姓区分不清食用蘑菇和毒蘑菇，世界各地每年因误采误食毒蘑菇而导致中毒的事件屡见不鲜，误食毒蘑菇而导致中毒一直被认为是一个对人类健康造成威胁的全球性问题。在我国，根据全国突发公共卫生事件报告管理信息系统 2004~2014 年上报的毒蘑菇中毒事件统计表明，11 年间共上报蘑菇中毒事件 576 起，累计报告中毒病例 3701 例，死亡 786 例，病死率为 21.24%。毒蘑菇中毒死亡人数占整个食物中毒死亡人数的比例达 35.57%。毒蘑菇中毒已成为我国食物中毒事件中导致死亡的最主要原因。在我国导致这种中毒事件多发并且病死率高的一个重要原因就是老百姓缺乏对毒蘑菇的识别能力，以及基层疾控和医疗单位缺乏对毒蘑菇中毒的认识和处置能力。

20 世纪 70 年代中国科学院微生物研究所真菌研究组编著出版过一本《毒蘑菇》，记载了 83 种毒蘑菇种类，40 年来该书对于我国广大读者识别毒蘑菇和中毒防治发挥了巨大的作用。2000 年以来，随着生物、分析化学、医学等相关领域科学技术的发展和应用，毒蘑菇研究领域亦取得了飞速发展。过去一些错误名称得到了更正，新发现的毒蘑菇物种不断增加，我国近 20 年来在鹅膏菌属中就发现了新的有毒鹅膏种类 30 余种，其中一些种类如致命鹅膏、淡红鹅膏、裂皮鹅膏等导致了几十起、近百人死亡的中毒事件；新的蘑菇中毒症状和新的蘑菇毒素陆续被发现。例如，亚稀褶红菇产生的横纹肌溶解症状、鹅膏菌属鳞鹅膏组中的一些种类产生的急性肾衰竭症状、毒沟褶菌产生的猝死症状，以及它们相应的新的致死毒素都是近年来所发现的；新的毒蘑菇分子生物学鉴定方法已经建立，依据分子生物学技术，可以利用 DNA 条形码技术将一小片蘑菇或者剩余物的种类准确鉴定出来等。因此，对于我国的疾控、医院、食品安全等各领域的工作者，以及广大老百姓都急需一本能反映当前发展现状的毒蘑菇识别与中毒防治的图书读物，以便更全面准确地了解和认识我国毒蘑菇的种类及相关知识。

鉴于此，我们组织了国内长期从事毒蘑菇研究并且地域分布合理的四家真菌学教学科研单位的专家编写《毒蘑菇识别与中毒防治》。本书依据国内外最新研究进展介绍了我国毒蘑菇中毒概况与特点、毒蘑菇中毒症状类型及毒素成分、中毒诊断与治疗、毒蘑菇形态与生态特征，以及依据不同中毒症状类型归类记载了我国主要毒蘑菇种类200种，每种有个体彩图、形态特征、生态环境、分布及毒性等详细信息。本书的出版有利于老百姓正确识别毒蘑菇，有利于疾控、医疗工作者了解各种毒蘑菇的中毒症状特点、诊断和治疗方法特点，对于我国毒蘑菇鉴别、中毒预防、诊断和防治具有特别重要的指导意义。

本书特点：①本书所记载的毒蘑菇种类及描述特征，全部来自四位编著者所领导的研究组的野外采集和研究标本，其中很多种类采集于中毒现场，所有种类的凭证标本都保存于四家单位的标本馆；②以大量中毒实例来说明蘑菇中毒种类、中毒症状、诊断和治疗方法；③200种毒蘑菇种类描述编排按照中毒症状类型归类，有助于读者找到毒蘑菇的中毒症状特点，为毒蘑菇的鉴定、中毒诊断和治疗提供了极大便利。

在本书所涉及毒蘑菇标本的采集和研究过程中，以及毒蘑菇中毒事件调查中，得到了国内外许多专家、同行及四家编著者单位所培养的博士、硕士研究生的大力支持和热心帮助。他们是湖南师范大学生命科学学院张志光教授、张平博士，广东省微生物研究所宋斌研究员、邓旺秋研究员，吉林农业大学李玉院士、包海鹰教授，中山大学李方副教授，中国科学院昆明植物研究所蔡箐、崔杨洋、冯邦、葛再伟、韩利红、郝艳佳、李静、唐丽萍、王向华、吴刚、赵宽、赵琪和曾念开，德国马尔堡大学生物学系 K. H. Rexer 博士，感谢他们为本书提供了部分图片和物种描述。感谢中南大学湘雅二医院急诊科主任向旭东教授、云南省楚雄州人民医院副院长余成敏主任医师对本书的毒蘑菇中毒临床症状、中毒诊断和治疗方法等临床医学内容进行了审阅和提出了宝贵意见。感谢中国疾病预防控制中心、全国几十家地方疾控中心和医院对我们的100多起毒蘑菇中毒事件的调查给予的大力配合和支持。作者对上述单位和个人致以诚挚的谢意！

本书的出版得到了 NSFC-云南联合基金重点项目（U1302263）、教育部"菌物资源保育与可持续利用"创新团队项目（IRT15R25）、国家自然科学基金（31470155）、湖南省生态学重点学科的资助。

由于作者业务水平有限，书中难免存在不足之处，敬请读者提出宝贵意见，以便再版时修订。

作者*

2016 年 5 月

---

* 通信地址：

陈作红，湖南省长沙市岳麓区麓山路 36 号，邮政编码 410081，湖南师范大学生命科学学院，Email：chenzuohong@263.net

杨祝良，云南省昆明市黑龙潭蓝黑路 132 号，邮政编码 650201，中国科学院昆明植物研究所，Email：fungi@mail.kib.ac.cn

图力古尔，吉林省长春市新城大街 2888 号，邮政编码 130118，吉林农业大学菌物研究所，Email：junwusuo@126.com

李泰辉，广东省广州市先烈中路 100 号大院 59 号楼，邮政编码 510070，广东省微生物研究所，Email：mycolab@263.net

目 录

第一章 我国蘑菇中毒概况与案例 ·················· 1
  第一节 野生蘑菇中的食（药）用菌和毒菌 ·················· 1
  第二节 我国蘑菇中毒概况及特点 ·················· 1
  第三节 我国蘑菇中毒事件典型案例 ·················· 9

第二章 毒蘑菇中毒症状类型及其毒素成分 ·················· 13
  第一节 急性肝损害型 ·················· 14
  第二节 急性肾衰竭型 ·················· 18
  第三节 神经精神型 ·················· 22
  第四节 胃肠炎型 ·················· 29
  第五节 溶血型 ·················· 30
  第六节 横纹肌溶解型 ·················· 31
  第七节 光过敏性皮炎型 ·················· 33

第三章 毒蘑菇中毒诊断与治疗 ·················· 36
  第一节 毒蘑菇中毒诊断与治疗总原则 ·················· 36
  第二节 急性肝损害型中毒诊断与治疗 ·················· 37
  第三节 急性肾衰竭型中毒诊断与治疗 ·················· 40
  第四节 神经精神型中毒诊断与治疗 ·················· 41
  第五节 胃肠炎型中毒诊断与治疗 ·················· 42
  第六节 溶血型中毒诊断与治疗 ·················· 42
  第七节 横纹肌溶解型中毒诊断与治疗 ·················· 43
  第八节 光过敏性皮炎型中毒诊断与治疗 ·················· 44

第四章 毒蘑菇形态特征与识别方法 ·················· 45
  第一节 毒蘑菇的形态特征 ·················· 45
  第二节 毒蘑菇的生态特征 ·················· 54
  第三节 毒蘑菇的形态识别方法 ·················· 56
  第四节 毒蘑菇的分子生物学鉴定方法 ·················· 63

第五节 鹅膏肽类毒素检测方法 ·· 68
第六节 毒蘑菇民间鉴别方法误区 ·· 71

第五章 中国毒蘑菇物种 ·· 75

第一节 急性肝损害型毒蘑菇 ·· 76

1. 致命鹅膏 *Amanita exitialis* Zhu L. Yang & T. H. Li ················· 77
2. 灰花纹鹅膏 *Amanita fuliginea* Hongo ································ 79
3. 拟灰花纹鹅膏 *Amanita fuligineoides* P. Zhang & Zhu L. Yang ········ 81
4. 灰盖粉褶鹅膏 *Amanita griseorosea* Qing Cai et al. ················· 82
5. 淡红鹅膏 *Amanita pallidorosea* P. Zhang & Zhu L. Yang ············ 83
6. 裂皮鹅膏 *Amanita rimosa* P. Zhang & Zhu L. Yang ················· 84
7. 黄盖鹅膏原变种 *Amanita subjunquillea* S. Imai var. *subjunquillea* ····· 85
8. 黄盖鹅膏白色变种 *Amanita subjunquillea* var. *alba* Zhu L. Yang ····· 86
9. 假淡红鹅膏 *Amanita subpallidorosea* Hai J. Li ····················· 87
10. 鳞柄白鹅膏 *Amanita virosa* (Fr.) Bertill. ························· 88
11. 丛生盔孢菌 *Galerina fasciculata* Hongo ···························· 89
12. 细条盔孢菌 *Galerina filiformis* A. H. Sm. & Singer ················ 90
13. 黄褐盔孢菌 *Galerina helvoliceps* (Berk. & M. A. Curtis) Singer ···· 91
14. 异囊盔孢菌 *Galerina heterocystis* (G. F. Atk.) A. H. Sm. & Singer ··· 92
15. 苔藓盔孢菌 *Galerina hypnorum* (Schrank) Kühner ················· 93
16. 纹缘盔孢菌 *Galerina marginata* (Batsch) Kühner ················· 94
17. 俄勒冈盔孢菌 *Galerina oregonensis* A. H. Sm. ····················· 95
18. 条盖盔孢菌 *Galerina sulciceps* (Berk.) Boedijn ··················· 96
19. 沟条盔孢菌 *Galerina vittiformis* (Fr.) Earle ····················· 97
20. 肉褐鳞环柄菇 *Lepiota brunneo-incarnata* Chodat & C. Martín ······ 98
21. 栗色环柄菇 *Lepiota castanea* Quél. ································ 99
22. 褐鳞环柄菇 *Lepiota helveola* Bres. ································ 100
23. 近肉红环柄菇 *Lepiota subincarnata* J. E. Lange ·················· 101

第二节 急性肾衰竭型毒蘑菇 ·· 102

24. 赤脚鹅膏 *Amanita gymnopus* Corner & Bas ························ 103
25. 异味鹅膏 *Amanita kotohiraensis* Nagas. & Mitani ·················· 104
26. 拟卵盖鹅膏 *Amanita neoovoidea* Hongo ···························· 105
27. 欧氏鹅膏 *Amanita oberwinklerana* Zhu L. Yang & Yoshim. Doi ····· 106
28. 假褐云斑鹅膏 *Amanita pseudoporphyria* Hongo ···················· 107
29. 黄棕丝膜菌 *Cortinarius cinnamomeus* (L.) Fr. ···················· 108

30	半被毛丝膜菌 *Cortinarius hemitrichus*（Pers.）Fr. ············· 109
31	黑鳞丝膜菌 *Cortinarius nigrosquamosus* Hongo ············· 110
32	拟荷叶丝膜菌 *Cortinarius pseudosalor* J. E. Lange ············ 111
33	血红丝膜菌 *Cortinarius sanguineus*（Wulfen）Fr. ············· 112
34	退紫丝膜菌 *Cortinarius traganus*（Fr.）Fr. ··················· 113
35	环带丝膜菌 *Cortinarius trivialis* J. E. Lange ················ 114

第三节　神经精神型毒蘑菇 ·· 115

36	假球基鹅膏 *Amanita ibotengutake* T. Oda et al. ··············· 116
37	小毒蝇鹅膏 *Amanita melleiceps* Hongo ······················ 117
38	美黄鹅膏 *Amanita mira* Corner & Bas ························· 118
39	鹅膏 *Amanita muscaria*（L：Fr.）Lam. ······················· 119
40	东方黄盖鹅膏 *Amanita orientigemmata* Zhu L. Yang & Yoshim. Doi ··· 120
41	小豹斑鹅膏 *Amanita parvipantherina* Zhu. L. Yang et al. ········· 121
42	假黄盖鹅膏 *Amanita pseudogemmata* Hongo ················· 122
43	红托鹅膏 *Amanita rubrovolvata* S. Imai ······················· 123
44	土红鹅膏 *Amanita rufoferruginea* Hongo ····················· 124
45	黄鳞鹅膏 *Amanita subfrostiana* Zhu L. Yang ·················· 125
46	球基鹅膏 *Amanita subglobosa* Zhu L. Yang ···················· 126
47	残托鹅膏原变型 *Amanita sychnopyramis* Corner & Bas f. *sychnopyramis* ··· 127
48	残托鹅膏有环变型 *Amanita sychnopyramis* f. *subannulata* Hongo ··· 128
49	星孢丝盖伞 *Inocybe asterospora* Quél. ························· 129
50	粗鳞丝盖伞 *Inocybe calamistrata*（Fr.）Gillet ················· 130
51	卷鳞丝盖伞 *Inocybe cincinnata*（Fr.）Quél. ···················· 131
52	甜苦丝盖伞 *Inocybe dulcamara*（Pers.）P. Kumm. ············ 132
53	变红丝盖伞 *Inocybe erubescens* A. Blytt ······················· 133
54	土味丝盖伞 *Inocybe geophylla*（Bull.）P. Kumm. ············· 134
55	土黄丝盖伞 *Inocybe godeyi* Gillet ····························· 135
56	暗毛丝盖伞 *Inocybe lacera*（Fr.）P. Kumm. ··················· 136
57	棉毛丝盖伞 *Inocybe lanuginosa*（Bull.）P. Kumm. ············ 137
58	尖顶丝盖伞 *Inocybe napipes* J. E. Lange ······················ 138
59	光帽丝盖伞 *Inocybe nitidiuscula*（Britzelm.）Lapl. ············ 139
60	裂丝盖伞 *Inocybe rimosa* Britzelm. ··························· 140
61	羞丝盖伞 *Inocybe whitei*（Berk. & Broome）Sacc. ············· 141
62	白霜杯伞 *Clitocybe dealbata*（Sowerby）P. Kumm. ············ 142

63	芳香杯伞 *Clitocybe fragrans*（With.）P. Kumm.	143
64	深凹杯伞 *Clitocybe gibba*（Pers.）P. Kumm.	144
65	落叶杯伞 *Clitocybe phyllophila*（Pers.）P. Kumm.	145
66	血红小菇 *Mycena haematopus*（Pers.）P. Kumm.	146
67	暗花纹小菇 *Mycena pelianthina*（Fr.）Quél.	147
68	洁小菇 *Mycena pura*（Pers.）P. Kumm.	148
69	热带紫褐裸伞 *Gymnopilus dilepis*（Berk. & Broome）Singer	149
70	条缘裸伞 *Gymnopilus liquiritiae*（Pers.）P. Karst.	150
71	赭黄裸伞 *Gymnopilus penetrans*（Fr.）Murrill	151
72	橘黄裸伞 *Gymnopilus spectabilis*（Fr.）Singer	152
73	安蒂拉斑褶菇 *Panaeolus antillarum*（Fr.）Dennis	153
74	黑斑褶菇 *Panaeolus ater*（J. E. Lange）Kühner & Romagn. ex Bon	154
75	环带斑褶菇 *Panaeolus cinctulus*（Bolton）Sacc.	155
76	蓝灰斑褶菇 *Panaeolus cyanescens*（Berk. & Broome）Sacc.	156
77	粪生斑褶菇 *Panaeolus fimicola*（Pers.）Gillet	157
78	半卵形斑褶菇 *Panaeolus semiovatus*（Sowerby）S. Lundell & Nannf.	158
79	早生脆柄菇 *Psathyrella gracilis*（Fr.）Quél.	159
80	丛毛小脆柄菇 *Psathyrella kauffmanii* A. H. Sm.	160
81	喜粪裸盖菇 *Psilocybe coprophila*（Bull.）P. Kumm.	161
82	古巴裸盖菇 *Psilocybe cubensis*（Earle）Singer	162
83	苏梅岛裸盖菇 *Psilocybe samuiensis* Guzmán et al.	163
84	台湾光盖伞 *Psilocybe taiwanensis* Zhu L. Yang & Guzmán	164
85	毡毛小脆柄菇 *Lacrymaria lacrymabunda*（Bull.）Pat.	165
86	黄盖粪伞 *Bolbitius titubans*（Bull.）Fr.	166
87	铜绿球盖菇 *Stropharia aeruginosa*（Curtis）Quél.	167
88	半球盖菇 *Stropharia semiglobata*（Batsch）Quél.	168
89	鹿花菌 *Gyromitra esculenta*（Pers.）Fr.	169
90	赭鹿花菌 *Gyromitra infula*（Schaeff.）Quél.	170
91	拟皱柄白马鞍菌 *Helvella pseudoreflexa* Q. Zhao et al.	171
92	马鞍菌 *Helvella elastica* Bull.	172
93	皱盖钟菌 *Verpa bohemica*（Krombh.）J. Schröt.	173
94	指状钟菌 *Verpa digitaliformis* Pers.	174
95	粉黄黄肉牛肝菌 *Butyriboletus roseoflavus*（Hai B. Li & Hai L. Wei）D. Arora & J. L. Frank	175

96	哀牢山炮孔菌 *Laetiporus ailaoshanensis* B. K. Cui & J. Song	176
97	环纹炮孔菌 *Laetiporus zonatus* B. K. Cui & J. Song	177
98	兰茂牛肝菌 *Lanmaoa asiatica* G. Wu & Zhu L. Yang	178
99	华丽新牛肝菌 *Neoboletus magnificus*（W. F. Chiu）Gelardi et al.	179
100	宽孢红孔牛肝菌 *Rubroboletus latisporus* Kuan Zhao et Zhu L. Yang	180
101	红孔牛肝菌 *Rubroboletus sinicus*（W. F. Chiu）Kuan Zhao & Zhu L. Yang	181

第四节 胃肠炎型毒蘑菇 … 182

102	细褐鳞蘑菇 *Agaricus moelleri* Wasser	183
103	黄斑蘑菇 *Agaricus xanthodermus* Genev.	184
104	假红柄薄瓢牛肝菌 *Baorangia pseudocalopus*（Hongo）G. Wu & Zhu L. Yang	185
105	毡盖美牛肝菌 *Caloboletus panniformis*（Taneyama & Har. Takah.）Vizzini	186
106	大青褶伞 *Chlorophyllum molybdites*（G. Mey.）Massee	187
107	拟乳头状青褶伞 *Chlorophyllum neomastoideum*（Hongo）Vellinga	189
108	佛手笼头菌 *Clathrus archeri*（Berk.）Dring	190
109	红笼头菌福岛变型 *Clathrus ruber* f. *kusanoi* Kobayasi	191
110	棒瑚菌 *Clavariadelphus pistillaris*（L.）Donk	192
111	晶粒小鬼伞 *Coprinellus micaceus*（Bull.）Vilgalys et al.	193
112	墨汁拟鬼伞 *Coprinopsis atramentaria*（Bull.）Redhead et al.	194
113	毛头鬼伞 *Coprinus comatus*（O. F. Müll.）Pers.	195
114	黄裙竹荪 *Dictyophora multicolor* Berk. et Broome	196
115	白粉褶蕈 *Entoloma album* Hiroë	197
116	暗蓝粉褶蕈参照种 *Entoloma* cf. *chalybeum*（Pers.）Noordel.	198
117	变绿粉褶蕈 *Entoloma incanum*（Fr.）Hesler	199
118	方孢粉褶蕈 *Entoloma murrayi*（Berk. & M. A. Curtis）Sacc.	200
119	近江粉褶蕈 *Entoloma omiense*（Hongo）E. Horak	201
120	方形粉褶蕈 *Entoloma quadratum*（Berk. & M. A. Curtis）E. Horak	202
121	黑耳 *Exidia glandulosa*（Bull.）Fr.	203
122	毛钉菇 *Gomphus floccosus*（Schwein.）Singer	204
123	浅褐陀螺菌 *Gomphus fujisanensis*（S. Imai）Parmasto	205
124	东方陀螺菌 *Gomphus orientalis* R. H. Petersen & M. Zang	206

125	栗色圆孔牛肝菌 *Gyroporus castaneus*（Bull.）Quél.	207
126	大毒黏滑菇 *Hebeloma crustuliniforme*（Bull.）Quél.	208
127	大孢黏滑菇 *Hebeloma sacchariolens* Quél.	209
128	日本网孢牛肝菌 *Heimioporus japonicus*（Hongo）E. Horak	210
129	网孢海氏牛肝菌 *Heimioporus retisporus*（Pat. & C. F. Baker）E. Horak	211
130	厚瓢牛肝菌 *Hourangia cheoi*（W. F. Chiu）Xue T. Zhu & Zhu L. Yang	212
131	变黑湿伞 *Hygrocybe conica*（Schaeff.）P. Kumm.	213
132	浅黄湿伞参照种 *Hygrocybe* cf. *flavescens*（Kauffman）Singer	214
133	红褐湿伞 *Hygrocybe spadicea*（Scop.）P. Karst.	215
134	朱黄湿伞 *Hygrocybe suzukaensis*（Hongo）Hongo	216
135	烟色垂幕菇 *Hypholoma capnoides*（Fr.）P. Kumm.	217
136	丛生垂幕菇 *Hypholoma fasciculare*（Huds.）P. Kumm.	218
137	砖红垂幕菇 *Hypholoma lateritium*（Schaeff.）P. Kumm.	219
138	环纹苦乳菇 *Lactarius vellereus*（Fr.）Fr	220
139	绒盖乳菇 *Lactarius vellereus*（Fr.）Fr.	221
140	轮纹乳菇 *Lactarius zonarius*（Bull.）Fr.	222
141	纯黄白鬼伞 *Leucocoprinus birnbaumii*（Corda）Singer	223
142	肥脚白鬼伞 *Leucocoprinus cepistipes*（Sowerby）Pat.	224
143	蛇头菌 *Mutinus caninus*（Huds.）Fr.	225
144	土黄沿丝伞 *Naematoloma gracile* Hongo	226
145	有毒新牛肝菌 *Neoboletus venenatus*（Nagas.）G. Wu & Zhu L. Yang	227
146	洁丽新香菇 *Neolentinus lepideus*（Fr.）Redhead & Ginns	228
147	鞭囊类脐菇 *Omphalotus flagelliformis* Zhu L. Yang & B. Feng	229
148	日本类脐菇 *Omphalotus japonicus*（Kawam.）Kirchm. & O. K. Mill.	230
149	褶侧盘菌 *Otidea cochleata*（L.）Fuckel	231
150	林地盘菌 *Peziza arvernensis* Roze & Boud	232
151	疣孢褐盘菌 *Peziza badia* Pers.	233
152	红鬼笔 *Phallus rubicundus*（Bosc）Fr.	234
153	黄鬼笔 *Phallus tenuis*（Fisch.）O. Kuntz.	235
154	桤生鳞伞 *Pholiota alnicola*（Fr.）Singer	236
155	黄鳞伞 *Pholiota flammans*（Batsch）P. Kumm.	237
156	烧地鳞伞 *Pholiota highlandensis*（Peck）Quadr. & Lunghini	238
157	黏皮鳞伞 *Pholiota lubrica*（Pers.）Singer	239

158	翘鳞伞 *Pholiota squarrosa*（Vahl）P. Kumm.	240
159	尖鳞伞 *Pholiota squarrosoides*（Peck）Sacc.	241
160	地鳞伞 *Pholiota terrestris* Overh.	242
161	黄粉末牛肝菌 *Pulveroboletus ravenelii*（Berk. & M. A. Curtis）Murrill	243
162	黄枝瑚菌 *Ramaria flava*（Schaeff.）Quél.	244
163	美丽枝瑚菌 *Ramaria formosa*（Pers.）Quél.	245
164	密褶红菇 *Russula densifolia* Secr. ex Gillet	246
165	毒红菇 *Russula emetica*（Schaeff.）Pers.	247
166	臭黄菇 *Russula foetens*（Pers.）Pers.	248
167	日本红菇 *Russula japonica* Hongo	249
168	拟臭黄菇 *Russula laurocerasi* Melzer	250
169	污黄红菇 *Russula metachroa* Hongo	251
170	稀褶红菇 *Russula nigricans* Fr.	252
171	点柄黄红菇 *Russula senecis* S. Imai	253
172	绯红肉杯菌 *Sarcoscypha coccinea*（Gray）Boud.	254
173	网硬皮马勃 *Scleroderma areolatum* Ehrenb.	255
174	光硬皮马勃 *Scleroderma cepa* Pers.	256
175	橙黄硬皮马勃 *Scleroderma citrinum* Pers.	257
176	黄硬皮马勃 *Scleroderma flavidum* Ellis & Everh.	258
177	美洲乳牛肝菌 *Suillus americanus*（Peck）Snell	259
178	点柄乳牛肝菌 *Suillus granulatus*（L.）Roussel	260
179	褐环乳牛肝菌 *Suillus luteus*（L.）Roussel	261
180	虎皮乳牛肝菌 *Suillus pictus*（Peck）A. H. Smith & Thiers	262
181	松林乳牛肝菌 *Suillus pinetorum*（W. F. Chiu）H. Engel & Klofac	263
182	琥珀乳牛肝菌 *Suillus placidus*（Bonord.）Singer	264
183	铅紫牛肝菌 *Sutorius eximius*（Peck）Halling et al.	265
184	窄孢胶陀盘菌 *Trichaleuria tenuispora* M. Carbone et al.	266
185	豹斑口蘑 *Tricholoma pardinum*（Pers.）Quél.	267
186	皂味口蘑 *Tricholoma saponaceum*（Fr.）P. Kumm.	268
187	赭红拟口蘑 *Tricholomopsis rutilans*（Schaeff.）Singer	269
188	苦粉孢牛肝菌 *Tylopilus felleus*（Bull.）P. Karst.	270
189	新苦粉孢牛肝菌 *Tylopilus neofelleus* Hongo	271
190	大丛耳菌 *Wynnea gigantea* Berk. et M.A. Curtis	272

第五节　溶血型毒蘑菇 ··· 273
　191　卷边桩菇 *Paxillus involutus*（Batsch）Fr. ·························· 274
　192　东方桩菇 *Paxillus orientalis* Gelardi et al. ······················· 275
　193　红角肉棒菌 *Podostroma cornu-damae*（Pat.）Boedijn ············ 276
第六节　横纹肌溶解型毒蘑菇 ·· 277
　194　亚稀褶红菇 *Russula subnigricans* Hongo ·························· 278
第七节　光过敏性皮炎型毒蘑菇 ··· 280
　195　污胶鼓菌 *Bulgaria inquinans*（Pers.）Fr. ·························· 281
　196　叶状耳盘菌 *Cordierites frondosa*（Kobayasi）Korf ················ 282
第八节　其他中毒类型毒蘑菇 ·· 283
　197　毒沟褶菌 *Trogia venenata* Zhu L. Yang et al. ······················ 284
　198　锐鳞环柄菇 *Lepiota aspera*（Pers.: Fr.）Quél. ······················ 285
　199　细环柄菇 *Lepiota clypeolaria*（Bull.: Fr.）P. Kumm. ·············· 286
　200　冠状环柄菇 *Lepiota cristata*（Bolton: Fr.）P. Kumm. ············ 287

参考文献 ·· 288

真菌中文名索引 ·· 299

真菌拉丁名索引 ·· 304

第一章 我国蘑菇中毒概况与案例

第一节 野生蘑菇中的食（药）用菌和毒菌

蘑菇（mushroom）是指个体肉质至近肉质的一类大型真菌。全世界目前已知的蘑菇种类大约有 14 000 种；我国已知种类估计在 4000 种以上，其中具有食用价值的食用菌有 936 种（戴玉成等，2010），具有药用价值的药用菌有 437 种（戴玉成和杨祝良，2008），毒蘑菇有 435 种（图力古尔等，2014）。

由于野生蘑菇营养价值高，味道鲜美，又没有受到环境、农药等污染，因而作为一种有机食品一直深受世界各国人民的喜爱。在我国一些省份，消费野生蘑菇市场火爆，已经发展成为一种饮食文化，带动了整个野生蘑菇产业的发展。在一些野生蘑菇资源丰富的地区，采集、收购、加工、销售野生蘑菇已经发展成为一种地方优势产业和经济的重要来源。发展野生蘑菇产业已经成为一些地方农民现金收入的重要来源和贫困山区农民脱贫致富的重要途径，促进了地方经济发展。

人们在享受野生蘑菇美味的同时，世界各地每年都有因误采误食毒蘑菇而导致中毒的事件发生，误食毒蘑菇而导致中毒一直被认为是一个对人类健康造成威胁的全球性问题。在欧洲、北美和亚洲，每年都有大量的中毒事件报道（陈作红，2014）。例如，北美真菌协会发布的蘑菇中毒年度报告显示，每年约有 100 人因误食毒蘑菇而中毒；在意大利皮埃蒙特地区，2002~2009 年就有 177 起蘑菇中毒事件，涉及 318 人；土耳其某医院 2000~2007 年收治了该国 297 名蘑菇中毒患者，3 人死亡；2001~2010 年日本报道了 569 起蘑菇中毒事件，1920 人中毒，其中 10 人死亡。

第二节 我国蘑菇中毒概况及特点

20 世纪 80 年代之前，我国发生蘑菇中毒事件多，但公开报道少，缺少中毒统计资料，只有各地的零星中毒报道，80年代初有关部门委托四川、贵州、河北、福建等省卫生防疫站成立的"毒蘑菇中毒防治科研协作组"对1957~1980年部分省区的蘑菇中毒进行了调查统计，在广东、广西、四川、江西、北京、河南、山东等地，有毒鹅膏菌导致268人中毒，死亡84人；秋盔孢伞在四川、贵州导致83人中毒，死亡33人；亚稀褶红菇在贵州、广西、福建等地导致94人中毒，死亡23人；等等（卯晓岚，2006）。

我国的食物中毒年度统计报告始于1985年，依据全国食物中毒年度统计报告对1985~1990年全国毒蘑菇中毒资料进行了统计，1985~1990年我国共发生1446起毒蘑菇中毒事件，中毒8975人，死亡588人，病死率为6.6%，平均每年发生241起毒蘑菇中毒事件，中毒1496人，死亡98人（表1-1）。

表1-1　1985~1990年我国毒蘑菇中毒情况

年份	中毒起数	中毒人数	死亡人数	病死率/%
1985	333	1916	112	5.85
1986	266	1874	93	4.96
1987	299	1954	115	5.89
1988	256	1385	86	6.21
1989	145	884	98	11.09
1990	147	962	84	8.73
合计	1446	8975	588	6.55
年平均	241	1496	98	—

注：数据引自穆源浦和张肃，1992

2003年我国出台了《突发公共卫生事件应急条例》，2004年国家卫生部、中国疾病预防控制中心启动了《突发公共卫生事件报告管理信息系统》，极大地提高了食物中毒事件报告的及时性和准确性。周静等（2016）统计了2004~2014年全国各省份通过《突发公共卫生事件报告管理信息系统》上报的毒蘑菇中毒事件，11年间共上报蘑菇中毒事件576起，累计报告中毒病例3701例，死亡786例，病死率为21.24%（表1-2）。

表 1-2　2004~2014 年全国蘑菇中毒事件报告情况

年份	中毒事件起数		起数占比/%	蘑菇中毒人数	中毒事件死亡人数		死亡人数占比/%	蘑菇中毒病死率/%
	蘑菇	食源性			蘑菇	食源性		
2004	55	584	9.42	378	74	228	32.46	19.58
2005	73	685	10.66	584	113	449	25.17	19.35
2006	44	610	7.21	447	54	213	25.35	12.08
2007	90	518	17.37	554	116	277	41.88	20.94
2008	39	441	8.84	254	59	168	35.12	23.23
2009	59	441	13.38	399	72	187	38.50	18.05
2010	50	353	14.16	209	81	186	43.55	38.76
2011	26	315	8.25	187	34	136	25.00	18.18
2012	48	269	17.84	222	72	147	48.98	32.43
2013	39	248	15.73	183	51	110	46.36	27.87
2014	53	263	20.15	284	60	109	55.05	21.13
合计	576	4727	12.19	3701	786	2210	35.57	21.24

注：数据引自周静等，2016

1. 蘑菇中毒是食物中毒致死事件的主因

在每年公布的《全国食物中毒事件情况的通报》中，国家卫生和计划生育委员会（原卫生部）将我国食物中毒按致病因素分为微生物性、化学性、有毒动植物及毒蘑菇、不明原因 4 种。有毒蘑菇的中毒在 2010 年以前归为有毒动植物，2010 年将有毒动植物改为有毒动植物及毒蘑菇，这是恰当的。罗海波等（2015）根据通报统计分析了 2004~2013 年我国食物中毒情况，结果表明在这 10 年中，微生物性食物中毒人数一直是最多的，其次是有毒动植物及毒蘑菇中毒，在导致中毒死亡人数的各因素中，2004~2005 年化学性食物中毒的死亡人数最多，其次是有毒动植物及毒蘑菇中毒，微生物性和不明原因食物中毒死亡人数相对较少，2006~2013 年，有毒动植物及毒蘑菇跃居为导致食物中毒死亡的第一大原因。

《2015 年全国食物中毒事件情况的通报》统计表明：有毒动植物及毒蘑菇引起的食物中毒事件报告起数和死亡人数最多，分别占全年食物中毒事件总报告起数和总死亡人数的 40.2% 和 73.6%。

那么，毒蘑菇在有毒动植物及毒蘑菇中占多大比例？历年的通报中有些年份提及，有些年份没有提及。例如，2007 年导致食物中毒的有毒动植物共发生 189 起，2789 人中毒，167 人死亡，其中毒蘑菇发生 88 起，526 人中毒，113 人死亡，其死亡人数占有毒动植物中毒死亡总人数的 67.66%。2008 年有毒动植物报告起数 125 起，中毒人数 2823 人，死亡 80 人，其中毒蘑菇中毒共发生 40 起，264 人中毒，58 人死亡，其死亡人数占有毒动植物中毒死亡总人数的 72.50%。从近年来的通报中也可以看出，2013 年、2014 年毒蘑菇引起的中毒事件分别占有毒动植物及毒蘑菇总起数的 55.7% 和 68.9%。

金连梅和李群（2009）根据《突发公共卫生事件报告管理信息系统》上报的数据对 2004~2007 年全国食物中毒事件中的单致病因素进行了分析，结果表明致死人数较多的因素依次为毒蘑菇、农药/鼠药和河豚。

从表 1-2 也可以看出，2004~2014 年 11 年间毒蘑菇中毒死亡人数占整个食物中毒死亡人数的比例达 35.57%。

以上数据说明蘑菇中毒是我国食物中毒事件中导致死亡的主要原因。

2. 蘑菇中毒病死率高

从表 1-2 可以看出，2004~2014 年全国毒蘑菇中毒病死率高达 21.24%（786/3701）。从历年卫生部公布的全国食物中毒事件情况通报中也可以看出，有毒动植物及毒蘑菇的病死率要高于微生物性、化学性和不明原因引起中毒的病死率。

1985~2000 年云南省共发生毒蘑菇食物中毒 378 起，中毒 2330 人，死亡 326 人，病死率 13.99%（李西云等，2003）。云南省 2004~2010 年毒蘑菇中毒共报告 243 起，中毒 2395 人，死亡 280 人，病死率 11.69%，其中 2010 年中毒病死率高达 42.30%（余思洋等，2012）。

2000~2005 年广州市共发生蘑菇中毒事件 19 起，中毒人数 92 人，中毒死亡 13 人，病死率 14.13%（毛新武等，2007）。

2004~2013 年贵州省共报告毒蘑菇中毒事件 118 起，中毒 698 人，死亡 85 人，病死率为 12.18%，毒蘑菇中毒病死率高于其他食源性疾病的病死率（王娅芳等，2015）。

陈作红等于 1994~2012 年调查了我国南方地区 102 起蘑菇中毒事件，

表 1-2　2004~2014 年全国蘑菇中毒事件报告情况

年份	中毒事件起数		起数占比/%	蘑菇中毒人数	中毒事件死亡人数		死亡人数占比/%	蘑菇中毒病死率/%
	蘑菇	食源性			蘑菇	食源性		
2004	55	584	9.42	378	74	228	32.46	19.58
2005	73	685	10.66	584	113	449	25.17	19.35
2006	44	610	7.21	447	54	213	25.35	12.08
2007	90	518	17.37	554	116	277	41.88	20.94
2008	39	441	8.84	254	59	168	35.12	23.23
2009	59	441	13.38	399	72	187	38.50	18.05
2010	50	353	14.16	209	81	186	43.55	38.76
2011	26	315	8.25	187	34	136	25.00	18.18
2012	48	269	17.84	222	72	147	48.98	32.43
2013	39	248	15.73	183	51	110	46.36	27.87
2014	53	263	20.15	284	60	109	55.05	21.13
合计	576	4727	12.19	3701	786	2210	35.57	21.24

注：数据引自周静等，2016

1. 蘑菇中毒是食物中毒致死事件的主因

在每年公布的《全国食物中毒事件情况的通报》中，国家卫生和计划生育委员会（原卫生部）将我国食物中毒按致病因素分为微生物性、化学性、有毒动植物及毒蘑菇、不明原因 4 种。有毒蘑菇的中毒在 2010 年以前归为有毒动植物，2010 年将有毒动植物改为有毒动植物及毒蘑菇，这是恰当的。罗海波等（2015）根据通报统计分析了 2004~2013 年我国食物中毒情况，结果表明在这 10 年中，微生物性食物中毒人数一直是最多的，其次是有毒动植物及毒蘑菇中毒，在导致中毒死亡人数的各因素中，2004~2005 年化学性食物中毒的死亡人数最多，其次是有毒动植物及毒蘑菇中毒，微生物性和不明原因食物中毒死亡人数相对较少，2006~2013 年，有毒动植物及毒蘑菇跃居为导致食物中毒死亡的第一大原因。

《2015 年全国食物中毒事件情况的通报》统计表明：有毒动植物及毒蘑菇引起的食物中毒事件报告起数和死亡人数最多，分别占全年食物中毒事件总报告起数和总死亡人数的 40.2% 和 73.6%。

那么，毒蘑菇在有毒动植物及毒蘑菇中占多大比例？历年的通报中有些年份提及，有些年份没有提及。例如，2007 年导致食物中毒的有毒动植物共发生 189 起，2789 人中毒，167 人死亡，其中毒蘑菇发生 88 起，526 人中毒，113 人死亡，其死亡人数占有毒动植物中毒死亡总人数的 67.66%。2008 年有毒动植物报告起数 125 起，中毒人数 2823 人，死亡 80 人，其中毒蘑菇中毒共发生 40 起，264 人中毒，58 人死亡，其死亡人数占有毒动植物中毒死亡总人数的 72.50%。从近年来的通报中也可以看出，2013 年、2014 年毒蘑菇引起的中毒事件分别占有毒动植物及毒蘑菇总起数的 55.7% 和 68.9%。

金连梅和李群（2009）根据《突发公共卫生事件报告管理信息系统》上报的数据对 2004~2007 年全国食物中毒事件中的单致病因素进行了分析，结果表明致死人数较多的因素依次为毒蘑菇、农药/鼠药和河豚。

从表 1-2 也可以看出，2004~2014 年 11 年间毒蘑菇中毒死亡人数占整个食物中毒死亡人数的比例达 35.57%。

以上数据说明蘑菇中毒是我国食物中毒事件中导致死亡的主要原因。

2. 蘑菇中毒病死率高

从表 1-2 可以看出，2004~2014 年全国毒蘑菇中毒病死率高达 21.24%（786/3701）。从历年卫生部公布的全国食物中毒事件情况通报中也可以看出，有毒动植物及毒蘑菇的病死率要高于微生物性、化学性和不明原因引起中毒的病死率。

1985~2000 年云南省共发生毒蘑菇食物中毒 378 起，中毒 2330 人，死亡 326 人，病死率 13.99%（李西云等，2003）。云南省 2004~2010 年毒蘑菇中毒共报告 243 起，中毒 2395 人，死亡 280 人，病死率 11.69%，其中 2010 年中毒病死率高达 42.30%（余思洋等，2012）。

2000~2005 年广州市共发生蘑菇中毒事件 19 起，中毒人数 92 人，中毒死亡 13 人，病死率 14.13%（毛新武等，2007）。

2004~2013 年贵州省共报告毒蘑菇中毒事件 118 起，中毒 698 人，死亡 85 人，病死率为 12.18%，毒蘑菇中毒病死率高于其他食源性疾病的病死率（王娅芳等，2015）。

陈作红等于 1994~2012 年调查了我国南方地区 102 起蘑菇中毒事件，

涉及852人中毒，死亡183人，病死率21.48%（Chen et al.，2014）。在蘑菇中毒事件调查中，作者发现误食蘑菇中毒事件有2种情况：第一种情况是采食的是混杂的野生蘑菇，大部分种类是可以食用的，但里面混杂有部分剧毒种类；第二种情况是采食的是单一的毒蘑菇种类，在这种情况下如果误食的种类是剧毒蘑菇，并且治疗不及时，往往会导致全部食用者死亡，在我国已经发生了多起导致6~9人因误食而全部死亡的中毒事件。

再来看看欧美和其他国家蘑菇中毒的病死率，北美真菌协会2006年总结过去30多年报告的1641例蘑菇中毒病例，其中17人死亡，死亡率为1%。北美真菌协会2007~2014年的年度蘑菇中毒报告显示，8年共报告有690人蘑菇中毒，死亡15人，死亡率为2.17%。Unluoglu和Tayfur（2003）报道了土耳其一医院1996~2000年收治的143例蘑菇中毒患者，4人死亡，病死率为2.8%。Eren等（2010）报道了土耳其某医院2000~2007年收治的297例蘑菇中毒患者，3人死亡，病死率为1.01%。Yamaura（2013）统计报道了2001~2010年日本的569起蘑菇中毒事件，1920人中毒，10人死亡，病死率0.52%。

我国蘑菇中毒的病死率与欧美和其他发达国家相比明显过高，主要原因有：①山区老百姓缺乏对剧毒蘑菇的鉴别能力；②基层多数医疗单位缺乏对剧毒蘑菇的认识，错过了最佳治疗时期；③我国医疗单位缺少治疗剧毒蘑菇中毒的有效方法和解毒药物。

3. 蘑菇中毒主要发生在农村

野生蘑菇主要发生于植被良好的山区或者丘陵地区，当地老百姓往往是采集和消费野生蘑菇的主力军，因此我国的蘑菇中毒事件也大多发生在山区农村，1985~1990年我国农村发生的蘑菇中毒起数、中毒人数和死亡人数分别占全国毒蘑菇中毒的87.1%、83.6%和90.0%（穆源浦和张肃，1992）。2000~2005年广西毒蘑菇中毒起数、中毒人数和死亡人数发生在农村的构成比例分别为91.35%、90.40%和100%（黄兆勇，2006）；在我国蘑菇中毒事件发生最多的云南省，2004~2011年农村发生蘑菇中毒事件数占总数的95.06%，中毒人数占97.20%，死亡人数占95.0%（余思洋等，2012）。

农村家庭是毒蘑菇中毒的主要发生场所。2004~2014年我国蘑菇中毒事件中，发生在家庭的中毒起数占87.5%（周静等，2016）。2004~

2013年贵州省毒蘑菇中毒事件调查显示，发生在家庭中的事件报告数、发病人数和死亡人数均最高，分别占全省毒蘑菇中毒事件报告总数、发病总数和死亡总数的89.83%（106/118）、77.65%（542/698）和98.82%（84/85），病死率为15.50%（84/542），明显高于其他发病场所（王娅芳等，2015）。

4. 蘑菇中毒季节主要发生在夏秋季

蘑菇中毒在我国全年各月都有发生，但具有明显的季节性，6~9月是蘑菇中毒事件的高发期。我国2004~2014年11年间6~9月报告的蘑菇中毒事件数占该类事件总数的82.29%（周静等，2016）。陈作红等调查了我国南方地区1994~2012年发生的102起蘑菇中毒事件也表明，85.3%的中毒起数、91.31%的中毒人数和84.70%的死亡人数发生在6~9月，该季节是我国南方地区的高温多雨季节，正是野生蘑菇迅速生长的时期（Chen et al.，2014）。

蘑菇中毒发生的高发期因地区、气候和毒蘑菇种类有所不同，地处亚热带的广东省，蘑菇中毒的高发期则常早至每年的3月，2000~2005年19起中毒事件有8起发生在3月，3月是致命鹅膏生长旺季，故引起人员死亡的中毒事故均发生在3月（毛新武等，2007）。在广西也是以5月、6月为高发月份，发生的起数、中毒人数和死亡人数均为最多（黄兆勇等，2006）。

5. 蘑菇中毒主要发生在南方

我国各地均有不同程度的蘑菇中毒事件发生，包括香港和台湾都曾发生过蘑菇中毒事件。2004~2014年我国境内共有23个省份通过《突发公共卫生事件报告管理信息系统》报告毒蘑菇中毒事件。其中，云南省报告的事件数、中毒例数和死亡例数最多，分别为221起、1253例和365例，分别占该类事件总数、中毒总例数和死亡总例数的38.37%、33.86%和46.44%，其他报告毒蘑菇中毒事件数较多的省区依次为贵州、四川、广西、湖南、湖北、江西等（周静等，2016）。蘑菇中毒地区分布的不同，主要与当地的野生蘑菇资源丰富程度、老百姓对野生蘑菇的喜好程度和对毒蘑菇的认识程度等有关。

6. 毒蘑菇种类主要为鹅膏菌等伞菌

我国野生蘑菇资源丰富且具多样性，已知蘑菇种类估计在 4000 种以上，其中毒蘑菇有 435 种（图力古尔等，2014）。尽管我国的毒蘑菇资源种类很多，并且蘑菇中毒事件也频频发生，但是对于我国蘑菇中毒事件中涉及的毒蘑菇种类并不完全清楚，主要原因有：①蘑菇中毒事件流行病学调查和医院治疗过程中缺少标本的采集和有效鉴定。例如，在我国 2010~2014 年各省报告的 216 起毒蘑菇中毒事件中，没有进行蘑菇鉴定的有 200 起，占 92.59%（周静等，2016）。云南省 1985~2000 年 16 年间的 378 起蘑菇中毒事件中有 324 起（占 85.7%）未能鉴定出毒蘑菇的种类（李西云等，2003）。在我国报道的蘑菇中毒治疗文献中绝大多数都只针对中毒症状而没有明确毒蘑菇种类。②我国基层医疗科技工作者普遍缺乏毒蘑菇识别的基本知识和鉴别能力，以及我国能进行蘑菇种类有效鉴定的单位和机构太少，一些种类鉴定不出来甚至是错误的鉴定。因此需要我国各级疾病预防控制中心、医院和我国具有良好菌物分类基础的科研院所建立高效的信息网络，以便及时采集标本和正确鉴定种类。

在我国 2004~2011 年各省报告的 444 起毒蘑菇中毒事件中，98 起事件报告了毒蘑菇的种类，在这 98 起已知毒蘑菇种类的事件中，共报告了 22 种毒蘑菇，分类学上分属于 4 个目 8 个科 11 个属，其中导致蘑菇中毒事件数、中毒例数和死亡例数最多的为鹅膏菌属 *Amanita* 的致命鹅膏、毒鹅膏菌等 6 种毒蘑菇，共报告事件 60 起，中毒 271 例，死亡 98 例，分别占已知毒蘑菇种类事件总数、中毒例数和死亡例数的 61.2%、57.2% 和 64.5%（王锐等，2014）。

陈作红等于 1994~2012 年调查了我国南方地区发生的 102 起蘑菇中毒事件，鉴定出引起中毒的毒蘑菇种类 16 种，其中鹅膏菌属 7 种，红菇属 3 种。分析表明 64.70% 中毒起数、78.05% 中毒人数和 70.49% 死亡数是由鹅膏菌属中的种类所引起的，主要有灰花纹鹅膏 *Amanita fuliginea* 和致命鹅膏 *A. exitialis*。另外 13.73% 中毒起数、10.33% 中毒人数和 24.59% 死亡数是由亚稀褶红菇 *Russula subnigricans* 所引起的。

综合我国蘑菇中毒调查分析及中毒治疗文献中经真菌分类学专家确认的毒蘑菇种类见表 1-3。

表 1-3 我国蘑菇中毒事件中已报道并经鉴定的常见毒蘑菇种类

中毒类型及毒性	毒蘑菇种类
急性肝损害型，剧毒	致命鹅膏 Amanita exitialis，灰花纹鹅膏 A. fuliginea，淡红鹅膏 A. pallidorosea，裂皮鹅膏 A. rimosa，假淡红鹅膏 A. subpallidorosea，鳞柄白鹅膏 A. virosa，条盖盔孢菌 Galerina sulciceps，纹缘盔孢菌 G. marginata，肉褐鳞环柄菇 Lepiota brunneo-incarnata，褐鳞环柄菇 L. helveola
急性肾衰竭型，剧毒	赤脚鹅膏 Amanita gymnopus，异味鹅膏 A. kotohiraensis，拟卵盖鹅膏 A. neoovoidea，欧氏鹅膏 A. oberwinklerana，假褐云斑鹅膏 A. pseudoporphyria，假褐云斑鹅膏近似种 A. cf. pseudoporphyria
神经精神型，有毒	蝶形斑褶菇 Panaeolus papilionaceus，苏梅岛裸盖菇 Psilocybe samuiensis，星孢丝盖伞 Inocybe asterospora
胃肠炎型，有毒	大青褶伞 Chlorophyllum molybdites，拟乳头状青褶伞 C. neomastoideum，点柄黄红菇 Russula senecis，肥脚白鬼伞 Leucocoprinus cepaestipes，黄粉末牛肝菌 Pulveroboletus ravenelii，有毒新牛肝菌 N. venenatus，网孢海氏牛肝菌 Heimioporus retisporus，琥珀乳牛肝菌 Suillus placidus，铅紫牛肝菌 Sutorius eximius，苦粉孢牛肝菌 Tylopilus felleus 和新苦粉孢牛肝菌 T. neofelleus
横纹肌溶解型，剧毒	亚稀褶红菇 Russula subnigricans
光过敏性皮炎型，有毒	叶状耳盘菌 Cordierites frondosa，污胶鼓菌 Bulgaria inquinans
溶血型，剧毒	卷边桩菇 Paxillus involutus
其他类型	毒沟褶菌 Trogia venenata

从上述可以看出，鹅膏菌属的一些种类是引起我国蘑菇中毒并导致死亡的主要物种。鹅膏菌属是一个世界性分布的大属，全球已经描述的物种超过 500 种，在我国目前已经发现有 130 余种（杨祝良，2015）。在欧洲和北美，90% 以上的蘑菇中毒死亡是由鹅膏菌属中的种类所引起的，主要的剧毒种类有：绿盖鹅膏 Amanita phalloides、春生鹅膏 A. verna、鳞柄白鹅膏 A. virosa、双孢鹅膏 A. bisporigera 和赭鹅膏 A. ocreata 等（Wieland，1986；Berger and Guss，2005a；Karlson-Stiber and Persson，2003）。在 20 世纪 90 年代之前，我国鹅膏菌的资源调查与分类大多沿用或误用欧洲、北美种类的名称，此后，中国科学院昆明植物研究所杨祝良及其合作者对采自我国各地的鹅膏属标本及国外代表性鹅膏属标本进行了系统

研究，发现我国的很多种类包括几种剧毒鹅膏菌都是东亚所特有的，我国过去报道的绝大多数"欧美"种在我国没有分布。近20年来，我国的菌物分类学工作者共发表40余个鹅膏菌新种，并出版了《中国真菌志·鹅膏菌科》和《中国鹅膏科真菌图志》专著。在这些发表的鹅膏菌新种中，一些剧毒种类标本来源于中毒事件现场，如剧毒的致命鹅膏 A. exitialis、淡红鹅膏 A. pallidorosea、假淡红鹅膏 A. subpallidorosea 等。有一些新发表的新种在近年引起了多起蘑菇中毒事件。例如，2015年，裂皮鹅膏 A. rimosa 在湖南省望城县、江苏省无锡市引起3起中毒事件，导致8人中毒，其中5人死亡；同年，欧氏鹅膏 A. oberwinklerana 在贵州遵义思南县引起1起急性肾损害中毒事件。

第三节 我国蘑菇中毒事件典型案例

1. 致命鹅膏引起的多起中毒死亡事件

2000年3月17日，广州市白云区发生一起9名民工误食毒蘑菇，导致8人中毒死亡的特大食物中毒事故。在某工地工作的湖北、湖南籍民工周某等9人，将在一公园山坡上采集到的野生蘑菇（约1.75 kg）用电饭煲做火锅。当晚22时首例患者出现恶心、呕吐、腹痛、腹泻等胃肠道症状，至18日下午4时，9人全部陆续发病。9名中毒者分别在3月18日上午8时以后，陆续到某职工医院求诊，医院以普通的胃肠道疾病进行治疗，没有进行洗胃催吐、导泻等处理，患者病情反复，时好时坏。直至周某于3月21日上午9时死亡，其他患者才于中午1时转至武警广东总队医院抢救，武警医院采用了护肝、解毒、利尿、脱水、纠正电解质紊乱等措施救治患者。患者最早死亡时间为进食后4天，最迟死亡时间为进食后8天，平均为进食后5天（谭铭雄等，2002）。

2002年3月28日，白云区太和镇大源村的湖南民工食用了在大源山上采集的新鲜"白毒伞"，引起6人中毒，1人死亡。2002年3月29日，越秀区一家在白云山上采集了野生蘑菇，3人进食，导致3人中毒，其中1人死亡。两批患者均被转入广州市第十二人民医院治疗。患者均在进食毒蘑菇后8~10 h出现不同程度的恶心、呕吐、腹痛、腹泻等急性胃肠炎症状，持续3~5天，全部患者出现肝肿大、肝触痛及肝区叩击痛，2例死亡者后期出现肝萎缩。多数在进食毒蘑菇后24 h内，最迟在48 h内即出现多项血液生化指标的改变，主要表现为肝功能指标急剧上升，9例患者的谷丙转氨酶（ALT）平均达到4787 U/L，最高达到9251 U/L，谷草转氨酶（AST）平均达到2738 U/L，最高达到5654 U/L（杨江英等，2003）。

以上中毒蘑菇种类经鉴定定名为致命鹅膏 Amanita exitialis（Yang and Li，2001），是我国发现的鹅膏属新种。

据不完全统计，2000~2014年，致命鹅膏在广东地区已经发生了22起中毒事件，导致89人中毒，45人死亡。

2. 灰花纹鹅膏引起的多起中毒死亡事件

1995年6月12日，湖南省长沙县星沙镇土桥村的杨某一家及其亲朋好友共14人误食了一种野生毒蘑菇，发生了严重的中毒事件。虽经中国人民解放军第163医院，湖南医科大学附一、附三医院紧急抢救治疗，有5人脱险，逐渐恢复了健康，但另外9人由于中毒太深而死亡。根据有关当事人提供的线索，湖南师范大学张志光等科研人员对中毒现场山林的毒蘑菇标本进行了采集调查，并请当事人辨认所食的毒蘑菇种类，进行形态特征分类，确定为灰花纹鹅膏 Amanita fuliginea（张志光等，1997）。

2003年6月，湖南省城步县发生一起特大食用野蘑菇中毒事件，12名食用者全部中毒，其中8人不幸死亡。6月29日，城步西岩镇周安村村民周某两家，在中餐和晚餐分别煮食了当天从山上采摘的同一种野生蘑菇，共有12人食用，8~17 h后，食用者均出现不同程度的中毒症状。市、县、镇政府和省卫生厅组织医务人员全力抢救，并将中毒者送往条件较好的邵阳市中心医院集中诊治。但由于野蘑菇毒性很强，周某等8人因抢救无效，于7月1~7日相继死亡。经湖南师范大学陈作红现场调查和鉴定，这次特大中毒事件的罪魁祸首名叫灰花纹鹅膏（邵阳晚报，2003年7月7日）。

1995~2012年期间，陈作红等调查了33起由灰花纹鹅膏引起的蘑菇中毒事件，共352人中毒，其中79人死亡（Chen et al.，2014）。

3. 淡红鹅膏引起的中毒死亡事件

2011年8月，山东泰安7人蘑菇中毒，其中3人死亡。8月21日晚6时，来自外省的7人在泰安市某小区一同进食了采自泰山景区的野生蘑菇约2 kg，平均每人进食量约300 g，其中2人进食量较少且未喝汤。22日凌晨，7人陆续出现中毒症状，平均潜伏期约12 h，发病时间集中，发病率100%，患者在当地医院进行输液治疗后症状无明显改善，于23日收入泰安市中心医院ICU病房。8月25~26日，7名患者被转入济南市传染病医院治疗，27~29日3名患者相继死亡。8月28日，根据患者描述，6名疾控专业人员赶赴泰安蘑菇生长地点进行样品采集和现场调查。样品经广东省微生物研究所专家进行形态学和分子生物学鉴定为淡红鹅膏 Amanita pallidorosea（曹若明等，2011）。

淡红鹅膏是2010年在我国发现的一个剧毒鹅膏新种（Zhang et al.，2010），近年来已经相继在吉林、山东、贵州发生3起蘑菇中毒事件。

4. 裂皮鹅膏引起的中毒死亡事件

2015年6月，江苏省无锡市发生一家7口采食野生蘑菇中毒，4人死亡的悲剧。2015年6月28日，家住无锡市胡埭镇、籍贯为贵州省的余某与几个亲戚上山采集了野生蘑菇并带回家，于当晚拌青椒和大蒜一起炒着吃。余某及其父亲、岳母、妻子，以及3个孩子一家7口人都吃了这种蘑菇。第二天早上起，全家人相继出现恶心、呕吐、腹泻等症状。中午时分，一家人赶至无锡市第四人民医院治疗，余某及其岳母都进了重症监护室，3个孩子则被转到儿童医院抢救。7月1日，由于病情加重，肝肾功能损害和凝血功能明显异常，3个小孩被紧急转移至上海的医院治疗抢救，其他4人分别在无锡的三家医院的ICU治疗。至7月23日，7人中的3个孩子和余某的岳母因抢救无效死亡，余某及其妻子和父亲病情基本痊愈，已经平安出院。

7月13日，无锡市第二人民医院ICU医生将现场采集的标本送至湖南师范大学生命科学学院真菌研究室，陈作红进行了标本鉴定和毒素检测，经形态和分子生物学鉴定，引起这次重大蘑菇中毒事件的种类为裂皮鹅膏 Amanita rimosa。该蘑菇子实体中的致死毒素α-鹅膏毒肽含量达到9.7 mg/g干子实体（姜东辉等，2016）。

2016年5月，广东东莞市发生一起中毒事件，5人中毒，均抢救无效身亡。标本经广东省微生物研究所鉴定为裂皮鹅膏。

裂皮鹅膏是2010年在我国发现的一个剧毒鹅膏新种（Zhang et al.，2010），2014~2015年已经相继在湖南、江苏和浙江发生4起误食中毒事件。

5. 亚稀褶红菇引起的中毒死亡事件

2000年8月17日，湖南省茶陵县湖口镇发生了一起15名伐木农民工误食野生蘑菇中毒，8人死亡的事件。误食亚稀褶红菇后，发病时间最短的为10 min，其余均在1 h内出现症状。症状开始时表现为恶心、呕吐、腹痛、腹泻，并有乏力感，24 h后，出现全身乏力明显、肌肉痉挛性疼痛、瞳孔缩小、血尿或血红蛋白尿、全身乏力、呼吸困难进行性加重，并于次日中午有3人连续死亡。现场所采标本经湖南师范大学真菌研究室专家鉴定为亚稀褶红菇 *Russula subnigricans*（蒋盛岩等，2001）。

由亚稀褶红菇引起横纹肌溶解症是2000年以后新出现的蘑菇中毒症状，最早在我国台湾报道，之后在日本，我国湖南、浙江、云南、贵州等省份相继出现报道，已导致数十人死亡（Lee *et al*., 2001; Matsuura *et al*., 2009; Chen *et al*., 2014; Lin *et al*., 2015）。

6. 毒沟褶菌引起的中毒死亡事件

1978年起，云南一些偏远山区和半山区发生一种发病迅猛、病情变化快、突然死亡、病死率高的不明原因的猝死，到2006年8月，云南不明原因猝死事件共发生了100多起，造成300多人死亡，造成猝死的原因则一直是个谜。

经过调查，研究人员发现，2005~2006年发生的7起聚集性猝死事件中，死者生前两周以内都食用过小白菌。从2008年起，中国科学院昆明植物研究所开始该项研究。刘吉开课题组与中国疾病预防控制中心曾光课题组等合作，在云南的这种小白菌中通过动物试验活性追踪从中发现并分离纯化得到两个新的非蛋白质氨基酸毒性成分，并通过液相色谱-串联质谱（LC-MS/MS）方法从中毒死亡者心脏血液中检测出蘑菇中所含的新氨基酸，首次通过直接证据证实死者生前食用过该菌，并证明该菌是30多年来导致"云南不明原因猝死"的重要原因（Zhou *et al*., 2012）。与此同时，真菌分类专家利用形态分类与分子生物学技术结合将该种小白菌鉴定为一个新种——毒沟褶菌 *Trogia venenata*（Yang *et al*., 2012）。

第二章 毒蘑菇中毒症状类型及其毒素成分

毒蘑菇种类不同，其所含有的毒素成分也不一样，国际上对于毒蘑菇中毒症状类型主要依据毒蘑菇所含有的毒素类型和表现症状来分型，1990年以前主要分为8个类型，包括鹅膏毒肽症状（amatoxin/cyclopeptide syndrome）、丝膜菌毒素症状（orellanine syndrome）、异噁唑类毒素症状（isoxazole derivatives/pantherine syndrome）、鹿花菌毒素症状（gyromitrin/monomethylhydrazine syndrome）、毒蝇碱症状（muscarinic syndrome）、裸盖菇素症状（psilocybin/hallucinogenic syndrome）、鬼伞素症状（coprine/disulfiram-like/antabuse syndrome）和肠胃道刺激物症状（gastrointestinal irritants syndrome）（Benjamin，1995；Spoerke and Rumack，1994）。

1990年以后，人们又发现了一些新的蘑菇中毒症状，Saviuc和Danel（2006）总结归纳为4类：急性肾损害症状（early-onset renal failure syndrome）、红斑性肢痛症状（erythromelalgia）、横纹肌溶解症（rhabdomyolysis）和中枢神经系统中毒症状（CNS syndrome）。

Diaz（2005）根据1956~2002年全球发表的28 018例蘑菇中毒资料分析综述了其中毒症状，共分为14类，先根据中毒后发作时间分为早发型（<6 h）、迟发型（6~24 h）和缓发型（>1天），再依据作用靶标器官将每种类型分为若干亚型，其中早发型为8个亚型（包括4种神经中毒型、2种胃肠炎型和2种过敏症型）；迟发型为3个亚型（肝损害型、急性肾衰竭型和红斑性肢痛症）；缓发型为3个亚型（缓发性肾衰竭型、中枢神经系统中毒型和横纹肌溶解型）。比较全面地综述了世界上各种蘑菇中毒类型。

在我国，以前一般将毒蘑菇及其中毒症状划分为4类（肝损害型、胃肠炎型、神经精神型和溶血型）（中国科学院微生物研究所真菌组，1988）。卯晓岚（2006）增加了呼吸循环衰竭型和光过敏性皮炎型，共计6种中毒类型。

任成山等（2007）通过总结国内报道的3638例毒蘑菇中毒患者的临床资料，建议临床应分为5种类型：①胃肠炎型；②急性肾衰竭型；③中毒性肝炎型；④神经精神型；⑤溶血型。

由于由亚稀褶红菇 *Russula subnigricans* 引起的中毒在我国南方普遍发生，且其死亡率高，中毒症状具有典型的横纹肌溶解症。同时，由污胶鼓菌 *Bulgaria inquinans* 和叶状耳盘菌 *Cordierites frondosa* 引起的光过敏性皮炎在我国也时有发生。因此，作者建议根据作用靶标器官将我国的毒蘑菇中毒症状分为 7 种类型比较合理，即①急性肝损害型；②急性肾衰竭型；③胃肠炎型；④神经精神型；⑤溶血型；⑥横纹肌溶解型；⑦光过敏性皮炎型（Chen et al., 2014）。

第一节 急性肝损害型

1. 引起急性肝损害型的蘑菇种类

引起急性肝损害型的毒蘑菇主要是由含有鹅膏肽类毒素的一些种类所引起，包括：鹅膏菌属 *Amanita*、盔孢伞属 *Galerina*、环柄菇属 *Lepiota* 的一些种类，导致人们中毒死亡的绝大多数是鹅膏菌属的种类。鹅膏菌属中，在欧洲和北美主要的剧毒种类包括：绿盖鹅膏 *A. phalloides*、春生鹅膏 *A. verna*、鳞柄白鹅膏 *A. virosa*、双孢鹅膏 *A. bisporigera*、赭鹅膏 *A. ocreata* 和薄褶鹅膏 *A. tenuifolia* 等，蘑菇中毒事件中 90% 的死亡是由这些剧毒种类所致（Wieland, 1986; Berger and Guss, 2005a; Karlson-Stiber and Persson, 2003）。我国鹅膏菌种类相当丰富，迄今为止，我国此属已记载 130 余种，20 世纪 90 年代以前很多种类沿用了欧洲、北美的鹅膏菌名称，杨祝良及其合作者的研究表明，欧洲的大部分剧毒鹅膏菌很可能没有在我国分布，我国的很多种类都是东亚所特有的，近年来在我国引起中毒死亡事件的剧毒鹅膏种类主要有：灰花纹鹅膏 *A. fuliginea*、致命鹅膏 *A. exitialis*、淡红鹅膏 *A. pallidorosea*、假淡红鹅膏 *A. subpallidorosea*、裂皮鹅膏 *A. rimosa* 等（曹若明等，2011；Yang and Li, 2001; Zhang et al., 2010; Cai et al., 2014; Chen et al., 2014; Li et al., 2015）。

盔孢菌属 *Galerina* 中，含有鹅膏肽类毒素的种类主要有纹缘盔孢菌 *Galerina marginata*、条盖盔孢菌 *G. sulciceps*、毒盔孢菌 *G. venenata*、单色盔孢菌 *G. unicolor*、丛生盔孢菌 *G. fasciculata* 等（Spoerke and Rumack, 1994; Benjamin, 1995）。其中纹缘盔孢菌和条盖盔孢菌在我国已经报道了多起中毒事件（Chen et al., 2014；郭超等，2013；周亚娟等，

2014）。

环柄菇属 *Lepiota* 中，含有鹅膏肽类毒素的种类主要有：褐鳞环柄菇 *Lepiota helveola*、栗色环柄菇 *L. castanea*、肉褐鳞环柄菇 *L. brunneoincarnata*、近肉红环柄菇 *L. subincarnata* 等。其中褐鳞环柄菇和肉褐鳞环柄菇在我国河北、山东等地发生了多起中毒事件。

2. 急性肝损害型中毒临床症状

含有鹅膏肽类毒素的毒蘑菇引起的中毒症状明显表现出 4 个阶段（潜伏期、胃肠炎期、假愈期和内脏损害期）：①潜伏期（6~12 h），误食鹅膏菌后，一般发病较慢，有 6~12 h 的潜伏期，也有病例到 20 h 后才出现中毒症状。具有潜伏期这一特点对于中毒诊断具有很高的价值，因为大多数其他毒蘑菇食用后 2 h 以内就表现出症状。②急性胃肠炎期（6~48 h），潜伏期过后出现恶心、呕吐、剧烈腹痛、"霍乱型"腹泻等肠胃症状。严重情况下可能会导致酸碱紊乱、电解质紊乱、低血糖、脱水和低血压。这个时候的肝功能指标往往是正常的。这个阶段一般维持 12~24 h。③假愈期（48~72 h），胃肠期过后，症状消失，近似康复，1~2 天无明显易见症状，容易给临床医生和患者造成一个康复的假象。在这个阶段尽管临床症状得到改善，但肝功能酶谷草转氨酶（AST）、谷丙转氨酶（ALT）和胆红素开始上升，肾功能也开始恶化。④内脏损害期（72~96 h），假愈期过后，患者重新出现腹痛、带血样腹泻等症状，病情迅速恶化，出现肝功能异常和黄疸、肝肿大、转氨酶急剧上升，严重的高达几千甚至几万，随着这些酶活性的急剧增加，肝肾功能恶化，凝血功能被严重扰乱，引起内出血，最后导致肝、肾、心脏、脑、肺等器官功能衰竭，5~16 天患者死亡。

病例 1：广东省广州市第十二人民医院于 2002 年 3 月 29 日和 4 月 3 日分别接收两批共 9 名患者，两批患者均因误食致命鹅膏 *Amanita exitialis* 导致中毒，分别在第 2 天和第 4 天被转入该院治疗。两批患者均在进食毒蘑菇后 8~10 h 出现不同程度的恶心、呕吐、腹痛及腹泻等急性胃肠炎的症状，持续 2~9 天，多为 3~5 天，大便常规中有红细胞和白细胞。全部患者进食毒蘑菇后 2~3 天开始出现不同程度的乏力、纳差和肝区隐痛，8 人出现黄疸，大部分患者出现极度乏力。全部患者出现肝肿大、肝触痛及肝区叩击痛，2 例死亡者后期出现肝萎缩。多数在进食毒蘑菇后 24 h 内，最迟在 48 h 内即出现多项血液生化指标的改变。9 名患者的谷丙转氨酶（ALT）平均达到

4787 U/L，最高达到 9251 U/L，谷草转氨酶（AST）平均达到 2738 U/L，最高达到 5654 U/L。另外，乳酸脱氢酶（LDH）及 α-羟丁酸脱氢酶（HBDH）浓度升高，以及球蛋白（CLB）和纤维蛋白原（FIB）浓度、凝血酶原活动度（PTA）降低；8 人总胆红素（TBIL）浓度升高，7 人肌酸激酶（CK）浓度升高；6 人总胆固醇（TCH）浓度降低，5 人胆碱酯酶（CHE）浓度降低，4 人 CK 同工酶 MB（CKMB）浓度升高。存活者上述生化指标 4~7 天达极限值，2 例死亡者后期出现"胆酶分离"现象（杨江英等，2003）。

全部病例均有不同程度的皮下淤斑，部分出现鼻腔、消化道、呼吸道和阴道出血。在进食毒蘑菇后 3~5 天开始出现不同程度的肝性脑病（HE）症状，如表情淡漠、意识模糊、嗜睡、烦躁、乱语、昏睡、昏迷、痛觉反应消失等症状，其中 3 例迅速由肝性脑病 I~II 期进展至 IV 期，2 例出现脑水肿，3 例出现弥散性血管内凝血（DIC），1 名有 5 月身孕的孕妇出现先兆流产。全部病例均未出现明显的肾功能异常（杨江英等，2003）。

病例 2：2011 年 8 月 21 日晚 6 时，来自外省的 7 人在山东省泰安市某小区一同进食了后经鉴定为淡红鹅膏 *Amanita pallidorosea* 的野生蘑菇约 2 kg，平均每人进食量约 300 g，22 日凌晨，7 人陆续出现中毒症状，平均潜伏期约 12 h。发病时主要表现为恶心、呕吐、腹痛等胃肠炎症状，23 日病情开始迅速恶化，出现极度乏力、严重肝功能损害并多脏器损伤表现，25~26 日被转入济南市传染病医院时，7 人均表现为急性肝功能衰竭，其中 4 人出现昏迷、躁动症状，伴有严重的凝血功能障碍，出现肝性脑病，病情危重。临床检验结果显示，患者肝功能转氨酶 ALT 最高达 10 667 U/L，AST 最高达 10 885 U/L，凝血酶原活动度最低为 0。医院在保肝、解毒、抗炎、营养支持、预防出血等常规治疗手段基础上，给予分子吸附再循环系统（MARS）人工肝、血浆置换治疗。8 月 27~29 日，3 名患者相继死亡。9 月 10~19 日，其余 4 名患者陆续康复出院（曹若明等，2011）。

病例 3：2012 年 6 月 30 日 15 时左右，云南省腾冲县一家 6 口因误食了后来经鉴定为条盖盔孢菌 *Galerina sulciceps* 的毒蘑菇，7 月 1 日凌晨 4 时左右，进食较多的 2 个孙女出现恶心、呕吐、腹泻，2 h 后祖父母出现相同症状，遂就诊于当地卫生院，给予补液、纠正电解质紊乱等对症治疗，症状有所缓解，存在一定的假愈期。7 月 2 日晨，部分患者症状加重，出现嗜睡、昏迷，6 例患者均被送往腾冲县人民医院治疗。实验室血液生化和凝血功能检查发现，患者均有不同程度的肝、肾功能和心肌酶学指标异常，以肝功能损害最为显著。3 例谷丙转氨酶（ALT）达到 889~3073 U/L，谷草转氨酶（AST）达到 876~4449 U/L（郭超等，2013）。

3. 引起急性肝损害的鹅膏肽类毒素

人们对于鹅膏肽类毒素的研究已有 100 多年的历史，根据其氨基酸的组成和结构可将鹅膏肽类毒素分为鹅膏毒肽（amatoxins）、鬼笔毒肽（phallotoxins）和毒伞素（virotoxins）三类，目前已分离鉴定的天然毒素有 22 种。它们都是环肽化合物，由氨基酸组成。鹅膏毒肽中的 α- 鹅膏毒肽和 β- 鹅膏毒肽在鹅膏菌中含量最高并且也是主要的致死毒素。鹅膏肽类毒素化学性质稳定，耐高温、耐干燥和酸碱，一般的烹调加工不会破坏其毒性，该类毒素易溶于甲醇、乙醇、液态氨、吡啶和水。

4. 鹅膏肽类毒素的毒性及中毒机制

鹅膏菌所含三类肽类毒素所引起的中毒性质和机制是不一样的，鹅膏毒肽是慢作用毒素，食后 2~8 天死亡。鹅膏毒肽对人的致死量大约为 0.1 mg/kg 体重，甚至更低。毒素由消化道吸收，几内亚猪的致死剂量也是 0.1 mg/kg 体重，人和猪不管是口服还是静脉注射或腹腔注射，其效果一样，而对于一些动物如小鼠和大鼠尽管经静脉注射或腹腔注射其半数致死量 LD_{50} 为 0.3~0.6 mg/kg 体重，但口服不中毒，在其他动物中，如猫和狗也能通过消化道吸收。作者最近几年在调查中发现食用了中毒患者呕吐物的鸡也能中毒死亡。鬼笔毒肽和毒伞素是快作用毒素，静脉或腹腔注射实验动物，一般 2~5 h 就死亡，口服不中毒，其致死剂量比鹅膏毒肽要高，对于小白鼠的半数致死量 LD_{50} 为 1.5~2.0 mg/kg 体重。由于在误食鹅膏菌后 2~5 h 并没有表现出症状，以及鬼笔毒肽不被肠道所吸收，因此在鹅膏菌中毒事件中，主要起作用的是鹅膏毒肽。

鹅膏毒肽经门静脉从胃肠道进入肝，被肝细胞快速吸收，大部分经肾随尿液排出，但有部分被肝吸收的毒素又经胆汁进入肠道，从而形成肠肝循环，延长毒素在肝内的时间，加重肝损害（Benjamin，1995）（图 2-1）。

鹅膏毒肽的毒理作用机制：鹅膏毒肽主要抑制真核生物的 RNA 聚合酶 Ⅱ 活性，导致 mRNA 转录受阻，蛋白质不能合成，最终导致细胞坏死。进一步的研究表明，鹅膏毒肽能与 RNA 聚合酶 Ⅱ 的 RBP1 亚基结合形成一个复合体，导致 RBP1 亚基降解，蛋白质合成受阻。近年来的晶体结构研究表明，位于 RBP1 亚基的桥螺旋附近的启动环上的氨基酸残基 His1085 与 α-鹅膏毒肽能发生直接作用，α-鹅膏毒肽通过 His1085 结合启动环后，阻止了启动环在活性位点与底物 NTP 的结合，导致启动环核苷酸增加的功能丧失，从而导致转录的抑制（Kaplan et al., 2008；Wang et al., 2006）。

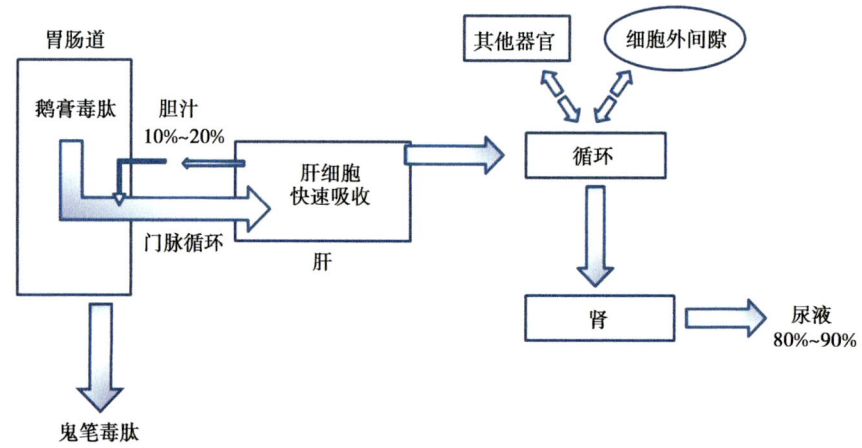

图 2-1　鹅膏肽类毒素的吸收与排泄（仿 Benjamin，1995）

鹅膏毒肽不仅能导致细胞坏死，也是一个强的细胞凋亡诱导剂，并且认为凋亡在鹅膏毒肽引起肝损害的发病机制中起着非常重要的作用（Arima et al., 2005；Magdalan et al., 2010）。此外，自由基反应可能也是鹅膏毒肽引起肝损害的重要因素（Zheleva et al., 2007；Wu et al., 2013）。

鬼笔毒肽的毒理作用机制：由丝状肌动蛋白（F-actin）构成的微丝是细胞骨架的主要成分，丝状肌动蛋白是由球状肌动蛋白（G-actin）聚合组装而成，在正常生理状态下，F-actin 与 G-actin 之间的聚合与解聚是一个动态的平衡过程，这一动态过程关系到 ATP 水解释放能量与细胞质运动、细胞内运输和肌肉运动等生理过程，鬼笔毒肽能专一性地与 F-actin 结合，从而打破 F-actin 与 G-actin 之间的平衡，大量形成 F-actin 毒肽复合体，毒伞素（virotoxins）也具有相同的作用机制（Wieland，1986）。

第二节　急性肾衰竭型

引起急性肾衰竭型的毒蘑菇有两类：含奥来毒素（orellanine）的丝膜菌属 Cortinarius 的一些种类和含有 2-氨基-4,5-己二烯酸（2-amino-

4,5-hexadienoic acid）的鹅膏菌属 *Amanita* 的一些种类。

一、丝膜菌引起的急性肾衰竭型

1. 引起急性肾衰竭型的丝膜菌属蘑菇种类

含奥来毒素的蘑菇主要是丝膜菌属 *Cortinarius* 的一些种类，在欧洲和北美引起人们中毒的主要有2种丝膜菌，它们是毒丝膜菌 *C. orellanus* 和细鳞丝膜菌 *C. rubellus*（Dinis-Oliveira et al., 2015；Herrmann et al., 2012）。

由于丝膜菌引起的中毒特征具有较长的潜伏期，患者发病时不会想到是由几天前吃野生蘑菇所引起，导致中毒原因难以确定，因此在我国到目前为止还没有一例由丝膜菌引起的中毒病例报道。丝膜菌是一个大属，全世界有250种以上，在我国种类也很多，分布广泛，根据文献和地方大型真菌志的记载，毒丝膜菌在我国吉林和辽宁等地有分布，并曾在陕西秦岭地区发生严重的误食中毒事件，细鳞丝膜菌在我国西藏等地也有分布。此外，尖顶丝膜菌 *C. gentiles*、黄棕丝膜菌 *C. cinnamomcus*、掷丝膜菌 *C. bolaris*、荷叶丝膜菌 *C. salor* 等可能有毒的种类在我国也有分布（卯晓岚，2006）。

2. 丝膜菌引起的急性肾衰竭型中毒临床症状

奥来毒素是一种作用缓慢但能致死的毒素。该毒素中毒的特征之一是有很长的潜伏期。因此患者经常不会想到此时的生病与前几天食用的蘑菇有关，所以通常会导致中毒误诊。丝膜菌属蘑菇中毒主要作用于肾。典型的中毒进展过程可分为4个阶段（Spoerke and Rumack, 1994）：①潜伏期，为食用后36 h到17天，平均为3天。潜伏期的长短与中毒的程度有关，潜伏期越短，中毒越严重，Grzymala（1965）在135例中毒病例中报道了潜伏期和中毒严重程度的关系如下：轻微中毒，潜伏期10~17天，症状表现为口干舌燥、口渴、多尿，几天后很快恢复；中等程度中毒，潜伏期是6~10天，症状严重但没有严重的肾功能障碍，并且在3~4周就会恢复正常；严重中毒，潜伏期是2~3天，引起肾衰竭，死亡率高。②肾损前期，肠胃、神经和一般症状通常持续1周。症状表现为厌食、恶心、呕吐、腹痛、便秘、腹泻、突然发冷、打寒战、发抖、嗜睡、眩晕、味觉障碍和感觉异常。③肾损期，在未发生肾衰竭之前，出现多尿症状，其中有的出现蛋白尿、血尿、白细胞尿。随后发展为急性肾亏或肾衰竭，出现少尿或无尿症状。肾组织病理学分析显示肾小管间质性肾炎，间质水肿，炎性细胞浸润和纤维化/硬化。④恢复或后遗症期，康复很慢，一般需几个星期或几个月，有50%左右的病例由肾功能不全发展成慢性肾功能不全（Dinis-Oliveira et al., 2015；Danel et al., 2001）。

3. 丝膜菌毒素的毒性及中毒机制

丝膜菌属蘑菇引起中毒的主要成分是奥来毒素（orellanine），奥来毒素加热到270℃以上或者经光照会产生化学分解，先产生同样具有毒性的orellinine，最后形成一种叫orelline的无毒性的化合物。

奥来毒素在蘑菇内是非常稳定的，烹煮、冷冻或者干燥不会破坏奥来毒素，甚至经20年贮藏后，都不会被破坏。然而，从蘑菇中提取时，当暴露在光或紫外光条件下，它会迅速地分解为orellanine和orelline化合物。orellanine、orellinine、orelline溶于稀氢氧化钠、氢氧化铵和二甲基亚砜，微溶于甲醇，但都难溶于有机溶剂和水（Dinis-Oliveira et al., 2015）。

动物实验研究表明，对于小鼠，口喂奥来毒素其半数致死量LD_{50}为33~90 mg/kg体重；腹腔注射其LD_{50}是12.5~15 mg/kg体重，小鼠口喂干的毒丝膜菌子实体，其LD_{50}是2 g/kg体重。临床数据表明人对奥来毒素似乎比小鼠和大鼠更敏感，对于体重70 kg的人来说，其致死量估计是29~227 g鲜蘑菇（Herrmann et al., 2012）。

奥来毒素对肾损伤的机制目前还没有完全弄清楚，关于它的毒理有多种假说：①奥来毒素强烈抑制大分子如蛋白质、RNA和DNA的合成，并且认为很可能是由其代谢产物所导致；②体外体内实验表明奥来毒素能产生氧自由基，引起过氧化作用，导致肾功能受损害。③奥来毒素促进了对碱性磷酸酶、γ-谷氨酰转肽酶和亮氨酸氨基肽酶活性的非竞争性抑制。

二、鹅膏菌引起的急性肾衰竭型

1. 引起急性肾衰竭型的鹅膏菌属蘑菇种类

在20世纪90年代之前，人们只知道在丝膜菌属Cortinarius的一些种类中含有的奥来毒素会引起肾损害，其主要特点是发病晚，2~3天后出现肠胃症状，8天后出现急性肾损害，50%发展成慢性肾损害。此后，在欧洲和北美，人们发现鹅膏菌属中的史密斯鹅膏 Amanita smithiana 和近似鹅膏 A. proxima 也会引起肾损害，其中毒症状特点是发病和肾损害的时间比丝膜菌属引起的要早。由鹅膏菌属中的毒蘑菇引起的急性肾损害近年来在欧美、日本、中国大陆，以及中国台湾有不少中毒病例报道（Apperley et al., 2013；Kirchmair et al., 2012；Iwafuchi et al., 2003；Yang et al., 2006；Chen et al., 2014）。

在欧洲和北美，引起急性肾损害的种类除史密斯鹅膏和近似鹅膏外，还有博迪鹅膏 A. boudieri、纤细鹅膏 A. gracilior、刺头鹅膏 A. echinocephala（Kirchmair et al., 2012）。

在东亚和我国，能引起急性肾损害的种类有：假褐云斑鹅膏 A. pseudoporphyria、赤脚鹅膏 A. gymnopus、拟卵盖鹅膏 A. neoovoidea 和假褐云斑鹅膏近似种 A. cf. pseudoporphyria。2015 年在贵州遵义发生一起由欧氏鹅膏 A. oberwinklerana 引起急性肾损害的中毒事件，此外，东亚种异味鹅膏 A. kotohiraensis 也有可能引起急性肾损害。引起急性肾损害的鹅膏菌种类都属于鹅膏属中的鳞鹅膏组（Section Lepidella）。

2. 鹅膏菌引起的急性肾衰竭型中毒临床症状

误食中毒后具有 8~12 h 的潜伏期，之后出现呕吐、腹泻、腹痛等肠胃症状。从误食到肝肾损害一般是 1~4 天，肝转氨酶升高约为正常上限的 15 倍，反映出肝功能中度受损。肾功能损害的表现为急性肾小管间质肾病，临床表现少尿或无尿，生化指标表现为血液中肌酐和尿素氮升高。在肾损害阶段，采用对症支持治疗，约 25% 的病例需进行血液透析，恢复需要 3 周左右，没有肝肾后遗症报道。

病例 1：一对台湾夫妇在野外采集了一些史密斯鹅膏 Amanita smithiana，开始 2 天只吃了少量，发觉没有什么不适，在第 3 天晚餐就食用了大量的蘑菇，4 h 后，患者尿液增多，6 h 后，出现腹痛、恶心和呕吐，症状维持到第 2 天。开始在当地医院被诊断为急性胃肠炎，采用静脉补液和止吐剂治疗。然而，当天随后出现无尿症状而转院。在这个阶段，患者体格检查发现轻度腹部压痛，无腹膜体征或肠鸣音亢进，皮肤弹性正常，无脱水的迹象，巩膜无黄疸，肝、脾未触及，无压痛，其他无异常。生化检测数据表明血液尿素氮（BUN）升高（61.5 mg/dL）（正常：4.5~24 mg/dL），血清肌酐（Cr）升高（7.2 mg/dL）（正常：0.6~1.3 mg/dL），肝转氨酶轻度升高，AST 达 30 U/L，

ALT 达 110 U/L。胆红素在正常范围内。初始白细胞数为 10 150/μL，81.8% 为中性粒细胞，入院后不久下降。肾声像图显示双侧肾正常大小，非膀胱胀大、无积水。高度怀疑为蘑菇中毒引起的急性肾衰竭。医院采用血液透析及 N-乙酰半胱氨酸和水飞蓟宾治疗，9 天后尿液开始增加，肝功能恢复正常，17 天后出院（Yang *et al.*，2006）。

病例 2：在葡萄牙，一对夫妇于 2010 年在山上采集了野生蘑菇博迪鹅膏 *Amanita boudieri* 和黄盖白膜鹅膏 *A. gemmata*，连续吃了 2 餐，大约吃了 500 g，第二天其妻子感觉厌食、恶心和呕吐，5 天之后，仍然不舒服并且体弱和多尿，就去了医院。入院体检血压、体温正常，实验室检查发现有严重的肾衰竭，肌酐达 11.7 mg/dL（正常：< 1.2 mg/dL），血液尿素氮（BUN）达 68.18 mg/dL（正常：< 18 mg/dL），轻度肝损害，谷丙转氨酶（ALT）达 64 U/L（正常：10~35 U/L）。尿液分析显示密度为 1010，pH5.5，微量血和蛋白质。医院对患者进行了血液透析和药物治疗（每天 60 mg 的泼尼松龙（prednisolone），每 6 h 一次口服乙酰半胱氨酸 600 mg）。她的肾功能在第 2 天得到了改善，入院后 5 天进行独立透析，2 个月后，血液尿素氮（BUN）降至 15.9 mg/dL，肌酐 1.0 mg/dL。她的丈夫吃的量少些，只有轻微消化不良和厌食症状，入院检查发现有明显的肾损害（BUN 50.0 mg/dL，肌酐 8.6 mg/dL）和轻度肝损害（ALT 69 U/L，AST 32 U/L）。他没有进行血透，只采用上述药物治疗，10 天之后，肌酐降至 4.6 mg/dL，2 个月之后，肌酐达到 0.8 mg/dL（Kirchmair *et al.*，2012）。

3. 鹅膏菌引起急性肾衰竭型的毒素

鹅膏菌属鳞鹅膏组中的鹅膏菌引起急性肾衰竭的毒素成分通常被认为是 2-氨基-4,5-己二烯酸（2-amino-4,5-hexadienoic acid）（Leathem *et al.*，1997；Warden and Benjamin，1998），该毒素对几内亚猪的致死剂量为 100 mg/kg 体重，有关其中毒机制目前还不清楚。Kirchmair 等（2012）认为其毒素可能不是 2-氨基-4,5-己二烯酸，而是一种未知的成分。

第三节　神经精神型

引起神经精神型中毒的毒蘑菇种类较多，可以产生 4 种类型的神经中毒：①含毒蕈碱（muscarine）种类产生外周胆碱能神经毒性；②含异噁唑衍生物（isoxazole derivatives）种类产生谷氨酰胺能神经毒性；③含鹿花菌素（gyromitrin）的种类产生癫痫性神经毒性；④含裸盖菇素（psilocybin）的种类产生致幻觉性神经毒性。另外，还有毒素尚不清楚的类型，如牛肝菌科中的粉黄黄肉牛肝菌 *Butyriboletus roseoflavus*、华丽新牛肝菌 *Neoboletus magnificus* 和红孔牛肝菌 *Rubroboletus sinicus* 所导致的中毒。

一、含毒蕈碱毒蘑菇引起的外周胆碱能神经中毒

1. 含毒蕈碱的毒蘑菇种类

尽管毒蕈碱最先是从鹅膏（毒蝇鹅膏）*Amanita muscaria* 分离出来，但在该蘑菇中的含量非常低，食用毒蝇鹅膏不足以产生毒蕈碱中毒症状。含毒蕈碱含量高的毒蘑菇主要是丝盖伞属 *Inocybe* 和杯伞属 *Clitocybe* 中的一些种类，其含量达到干重的 0.08%~0.33%，另外，粉褶蕈属 *Entoloma* 和小菇属 *Mycena* 中的一些种类也含有比较高的毒蕈碱。

丝盖伞属中的大部分种类都含有毒蕈碱，在欧洲和北美，主要的种类包括：黄丝盖伞 *Inocybe fastigiata*、帕氏丝盖伞 *I. patouillardi*、土味丝盖伞 *I. geophylla*、棉毛丝盖伞 *I. lanuginosa*、退缩丝盖伞 *I. pudica*、暗毛丝盖伞 *I. lacera*、烈唯毒丝盖伞 *I. sororia* 等。在我国至少有 20 种以上的丝盖伞。

杯伞属中的一些种类也含有毒蕈碱，在欧洲，常见的主要种类包括：白霜杯伞 *Clitocybe dealbata*、环带杯伞 *C. rivulosa* 和小白杯伞 *C. candicans*，在北美，常见的种类有白霜杯伞、毒杯伞 *C. cerrusata* 和环带杯伞。这些种类在我国亦有分布。

另外，小菇属中的洁小菇 *Mycena pura*，粉褶蕈属 *Entoloma* 中的臭粉褶蕈 *Entoloma rhodopolium*，类脐菇属 *Omphalotus* 中的发光类脐菇 *O. olearius*、蓝绿类脐菇 *O. olivascens*、北美类脐菇 *O. subilludens* 等也有可能含有毒蕈碱。

2. 含毒蕈碱蘑菇中毒临床症状

误食后发病快，通常在 15 min 至 2 h 发病，发病时间的快慢取决于食用的蘑菇数量和毒蘑菇中毒蕈碱的含量。临床症状特征表现为多涎、流泪、出汗、排尿、腹痛、腹泻及呕吐，并且常伴有心搏过缓、呼吸急促、

瞳孔缩小、视力模糊，甚至出现幻觉。

3. 毒蕈碱中毒机制

毒蝇碱是一个季铵化合物，在结构上与乙酰胆碱相似，其作用机制也类似于神经递质乙酰胆碱的作用，毒蕈碱作用于胆碱能神经系统的毒蕈碱型乙酰胆碱受体，但毒蕈碱不能兴奋烟碱型胆碱能受体或穿过血脑屏障引起中枢胆碱能症状（Diaz，2005）。加热煮食和人体消化液不会影响毒蕈碱的活性，毒蕈碱通过肠内壁进入血液，之后经毛细血管扩散至副交感神经系统。它的作用靶受体包括平滑肌、腺细胞、心脏淋巴结和肌纤维。毒蕈碱是一个离子化合物，不能通过血脑屏障，因此，它的作用是外周的。与乙酰胆碱不同，毒蕈碱不能被血浆中的胆碱酯酶水解，并且它的外周胆碱能效应能在摄入含毒蕈碱蘑菇后持续数小时。通常误食含毒蕈碱的蘑菇不会产生严重的中毒和死亡，毒蕈碱中毒治疗主要采取补液支持性治疗和阿托品（0.01~0.02 mg/kg）静脉注射。阿托品是毒蕈碱中毒的特效解毒药物，其解毒机制是阿托品也如乙酰胆碱和毒蕈碱一样，能竞争性地与受体结合，但是阿托品不刺激受体。

二、含异噁唑衍生物的鹅膏属一些种类能产生谷氨酰胺能神经毒性

1. 含异噁唑衍生物的毒蘑菇种类

在欧洲和北美，大部分报道的由含异噁唑衍生物毒蘑菇引起的中毒事件都是由鹅膏（毒蝇鹅膏）*Amanita muscaria* 和豹斑鹅膏 *A. pantherina* 引起的。此外，黄盖白膜鹅膏 *A. gemmata*、靴鹅膏 *A. cothurnata*、柯氏鹅膏 *A. cokeri*、松塔鹅膏 *A. strobiliformis*、北美黄鳞鹅膏 *A. frostiana* 及毒蝇口蘑 *Tricholoma muscarium* 也含有这类化合物（Benjamin，1995；Spoerke and Rumack，1994）。毒蝇鹅膏分布广泛，北非、北美、欧洲和亚洲都有分布，在我国，该种主要分布于东北、华北和西北等省区。

2. 含异噁唑衍生物毒蘑菇中毒临床症状

误食后发病快，通常在30 min至2 h发病，也有的几分钟就出现症状，

临床症状表现为恶心、呕吐、运动性抑郁、共济失调、患者不能行走或者似酒醉步态行走、精神错乱、视觉畸变、头晕、兴奋、嗜睡和肌肉抽搐，一般在 4~24 h 恢复（Spoerke and Rumack, 1994; Lima *et al.*, 2012）。

3. 异噁唑衍生物毒素毒性及中毒机制

这类蘑菇产生的异噁唑衍生物主要毒素成分有鹅膏蕈氨酸（ibotenic acid）、异鹅膏胺（muscimol）和异鹅膏氨酸（muscazone）。其中最主要的是鹅膏蕈氨酸和异鹅膏胺。鹅膏蕈氨酸是一个非蛋白氨基酸，容易脱羧转化降解为毒性更强的异鹅膏胺。鹅膏蕈氨酸对大鼠的半数致死量 LD_{50} 为 129 mg/kg（口服），42 mg/kg（静脉注射），对小鼠的 LD_{50} 为 38 mg/kg（口服），15 mg/kg（静脉注射）；异鹅膏胺对大鼠的 LD_{50} 则为 45 mg/kg（口服），4.5 mg/kg（静脉注射），对小鼠的 LD_{50} 为 17 mg/kg（口服），5.6 mg/kg（静脉注射）；对于人类，已报道的最低剂量是 0.1 mg/kg，在此剂量下，出现嗜睡、幻觉、知觉错乱、恶心和呕吐等症状。

鹅膏蕈氨酸和异鹅膏胺的毒理作用与毒蕈碱不一样，后者只作用于外周胆碱能神经系统，但鹅膏蕈氨酸和异鹅膏胺能通过血脑屏障作用于中枢神经系统。鹅膏蕈氨酸在结构上与谷氨酸相似，能兴奋中枢谷氨酰胺能受体，作用于 N-甲基-D-天冬氨酸（NMDA）受体。异鹅膏胺与 γ-氨基丁酸（GABA）在结构上也具有相似性，能兴奋中枢 GABA 受体。苯二氮䓬类药物（benzodiazepines）（又称地西泮）和巴比妥类药物可有效控制兴奋和癫痫发作，此外主要采用支持治疗，中枢神经系统中毒时间较短暂，很少发生死亡（Diaz, 2005; Graeme, 2014）。

三、含鹿花菌素的种类产生癫痫性神经毒性

1. 含鹿花菌素的毒蘑菇种类

引起中毒的最常见种类是鹿花菌 *Gyromitra esculenta*，该种广泛分布于欧洲和北美。在我国亦广泛分布。此外，证明含有鹿花菌素的种类有：拟鹿花菌 *G. ambigua*、大鹿花菌 *G. gigas* 和赭鹿花菌 *G. infula*。怀疑含有鹿花菌素的种类有加州鹿花菌 *G. californica*、卡地鹿花菌 *G. caroliniana*、粗柄鹿花菌 *G. fastigiata*、柯费鹿花菌 *G. korfii* 和球孢鹿花菌 *G. sphaerospora*，以及马鞍菌属中的皱柄白马鞍菌 *Helvella crispa* 和

棱柄马鞍菌 H. lacunosa。在我国尚没有含鹿花菌素毒蘑菇的中毒事件报道。

2. 含鹿花菌素毒蘑菇中毒临床症状

由含鹿花菌素蘑菇引起的中毒看起来与由鹅膏菌引起的中毒相似，特别是在其早期，但有很多其他的特点可用来进行诊断。含鹿花菌素蘑菇中毒可以分为三个时期：①潜伏期（6~12 h），误食后 6~12 h 出现症状，严重者可能 2 h 就出现症状。这种潜伏期特征与鹅膏毒肽中毒类似，但是，鹿花菌一般发生在春季（3~4 月），同时，根据误食蘑菇的形态很容易诊断出是否为鹿花菌中毒。②胃肠道症状时期（6~48 h），表现为腹胀、恶心、呕吐和腹泻，其中腹泻呈水样甚至可能有一点带血，但患者不一定都会有腹泻，如果腹泻和呕吐过度则会引起脱水，另外患者有眩晕、昏睡和疲劳感。腹部绞痛和剧烈头痛也是常见的症状之一。鹿花菌中毒患者中，大多数在这一时期持续几天后会自动康复，但严重的会发展到下一阶段。③神经系统和肝肾症状时期（36~48 h），胃肠期过后，最典型的症状表现为中枢神经系统障碍、共济失调、眩晕、眼球震颤、疲劳、言语不清、出汗。严重者出现昏迷和抽搐。少数中毒严重的患者之后出现肝损伤、溶血和高铁血红蛋白尿，甚至肾功能损害。大部分鹿花菌素中毒患者只表现出胃肠症状，2~5 天即恢复，但也有 2%~10% 的患者由于肝肾衰竭或者液体和电解质紊乱而死亡。

3. 鹿花菌素的毒性及中毒机制

鹿花菌素是指乙醛 -N- 甲基 -N- 甲醛肼（acetaldehyde N-methyl-N-formylhydrazone），该毒素很不稳定，在体内降解为 N- 甲基 -N- 甲酰肼（N-methyl-N-formylhydrazone，MFH），并进一步降解为单甲基肼（monomethylhydrazine，MMH），单甲基肼是引起中毒的主要毒素成分，它是水溶性的，沸点为 87.5℃，在烹调的过程中会挥发出来，这种蘑菇煮熟后吃的毒性要小得多，但在烹调或其他制备（如干燥）的过程中挥发出来的这种气体如果被吸入也可能会引起中毒反应。通过干燥可除去蘑菇中的绝大多数鹿花菌素，用水煮沸 10 min 后可除去 99% 的鹿花菌素（Benjamin，1995；Spoerke and Rumack，1994）。

鹿花菌素和单甲基肼对小鼠的半数致死量 LD_{50} 分别为 344 mg/kg、33 mg/kg

体重，鹿花菌素对成年人和小孩的半数致死量分别为 20~50 mg/kg、10~30 mg/kg 体重，这个剂量也就相当于 0.4~1 kg、0.2~0.6 kg 的新鲜子实体。单甲基肼的半数致死量更低，对成年人和小孩分别为 4.8~8.0 mg/kg、1.6~4.8 mg/kg 体重。

鹿花菌素的中毒机制：鹿花菌素和单甲基肼能与 5-磷酸吡哆醛产生化学反应形成肼，直接干扰吡哆醇（维生素 B_6）的利用及其功能的发挥，吡哆醇与细胞内一些重要的酶相关联，它是许多酶促反应和氨基酸代谢中的重要辅助因子，这种干扰可能引发很多症状，其中包括神经毒性方面的，由于降低了谷氨酸脱羧酶的活跃性而影响了神经递质 γ-氨基丁酸的生成，造成神经系统症状。因此，鹿花菌中毒可产生类似异烟肼中毒的癫样发作及周围神经病变等表现，这些症状可被吡哆醇抑制。单甲基肼会在人体内形成自由甲基，造成人体内氧化应激压力，导致高铁血红蛋白症，并通过自由基的形成可诱发肝细胞损害，而且可能引起肾损害（Benjamin，1995；Diaz，2005）。

四、含裸盖菇素的毒蘑菇种类产生致幻觉性神经毒性

裸盖菇素（psilocybin）具有神经致幻作用，含有该类毒素的蘑菇被称为"神圣的蘑菇"或"幻觉蘑菇"，在一些土著人的某些宗教仪式中使用了数百年。20 世纪 70 年代以来，美国、加拿大、英国、德国等欧美国家的许多青年普遍食用含此类毒素的蘑菇用于消遣。但是长期或是过量服用此类物质会引起神经中毒，目前这些蘑菇在美国都被列为控制物品。

1. 含裸盖菇素的毒蘑菇种类

含裸盖菇素类的蘑菇多达 200 种以上，主要是裸盖菇属 *Psilocybe*、斑褶伞属 *Panaeolus*、裸伞属 *Gymnopilus*，以及锥盖伞属 *Conocybe* 的一些种类，含裸盖菇素的蘑菇存在于各大洲，但是主要分布于亚热带湿润森林地区（Guzmán *et al.*，2000；Guzmán，2005）。最常见的种类有：古巴裸盖菇 *Psilocybe cubensis*、半裸盖菇 *P. semilanceata*、北美裸盖菇 *P. tampanensis* 和暗蓝斑褶菇 *Panaeolus cyanescens*。其中以暗蓝斑褶菇所含的裸盖菇素浓度最高。近年来在我国发生多起由苏梅岛裸盖菇 *Psilocybe samuiensis* 引起的中毒事件（Chen *et al.*，2014）。

2. 含裸盖菇素蘑菇中毒临床症状

误食后发病快，一般 10~30 min 即表现症状，通常维持 2~4 min，也有报道持续 6~12 h 的。症状开始 30 min 内主要表现为焦虑、紧张、轻微头痛、腹痛、恶心、眩晕、乏力、寒战、肌痛及嘴唇感觉麻木。30~60 min 开始出现神经病症状、视觉错乱、色彩和形态干扰、精神欢快、人格解体、现实感丧失、时空感改变、动作失调等。躯体感觉如头脑眩晕，精神沮丧并伴有焦虑、不安。此外还有时间反应迟钝、注意力分散、自发而毫无顺序地回忆起比较遥远的经历。在感觉高峰期还会出现偏头痛、反射亢进、抽搐、耳鸣和感觉异常。类交感神经作用表现为瞳孔放大、心动过速、高血压和口干。1~2 h，视觉错乱增强，知觉扭曲更加强烈，2~4 h，症状逐渐消失，大部分在 4~8 h 后完全恢复。部分患者会伴随有头痛、无精打采、筋疲力尽的状态。尽管含裸盖菇素蘑菇的致幻觉作用很短暂且很少发生死亡，但是如果与乙醇和其他药物混食或者静脉注射致幻觉蘑菇提取物，也会出现肾衰竭、癫痫发作和心跳停搏。

3. 裸盖菇素的毒性及中毒机制

1958 年，Hofmann 等从墨西哥裸盖菇 *Psilocybe mexicana* 中分离出两种有毒物质，并称为裸盖菇素（psilocybin）和脱磷裸盖菇素（psilocin），这两种物质所产生的毒性作用与蘑菇子实体产生的毒性作用相同。后来又发现了裸盖菇素的去甲基类似物——去甲裸盖菇素（baeocystin），为裸盖菇素的前体。

裸盖菇素的性质相对稳定，干的蘑菇在相当一段时间内仍然保持有活性，该毒素具有热稳定性和水溶性。裸盖菇素的毒性比较低，对于大鼠的半数致死量为 280 mg/kg（口服），静脉注射家兔，其半数致死量为 12.5 mg/kg。一般用于动物行为实验的剂量为 0.25~10 mg/kg。对于人，4~8 mg 的裸盖菇素，也就是 20 g 新鲜蘑菇或者 2 g 干蘑菇就可产生致幻作用。

裸盖菇素的中毒机制：裸盖菇素在体内很快脱磷酸化转变为脱磷裸盖菇素。脱磷裸盖菇素是多个 5-羟色胺受体的部分激动剂，尤其与 $5-HT_{2A}$ 受体具有高亲和力，5-羟色胺受体位于大脑中的许多部位，包括大脑皮层，涉及广泛的功能，如情绪的调节等。裸盖菇素引起的精神病症状可以被 $5-HT_{2A}$ 拮抗药物如酮色林或利培酮所消除。此外，脱磷裸盖菇素还能间接增加基底神经节神经递质多巴胺的浓度，导致精神症状的发生（Tyls *et al.*，2014；Passie *et al.*，2002）。

第四节 胃肠炎型

1. 引起胃肠炎型中毒的蘑菇种类

很多蘑菇被误食后可引起胃肠炎型中毒，大部分产生器官损害的蘑菇也具有胃肠炎型症状。这里所指的毒蘑菇种类主要是指只产生胃肠炎型中毒的种类，不包括产生其他器官损害的毒蘑菇种类。

能引起胃肠道刺激的蘑菇种类很多，主要包括蘑菇属 *Agaricus*、青褶伞属 *Chlorophyllum*、粉褶蕈属 *Entoloma*（= 赤褶菌属 *Rhodophyllus*）、陀螺菌属 *Gomphus*、黏滑菇属 *Hebeloma*、海氏牛肝菌属 *Heimioporus*、湿伞属 *Hygrocybe*、垂幕菇属 *Hypholoma*、乳菇属 *Lactarius*、类脐菇属 *Omphalotus*、鬼笔属 *Phallus*、鳞伞属 *Pholiota*、枝瑚菌属 *Ramaria*、红菇属 *Russula*、硬皮马勃属 *Scleroderma*、乳牛肝菌属 *Suillus*、口蘑属 *Tricholoma* 和粉孢牛肝菌属 *Tylopilus* 等。

近年来，国内的调查发现在我国引起胃肠炎型中毒的主要种类有：大青褶伞 *Chlorophyllum molybdites*、拟乳头状青褶伞 *C. neomastoideum*、网孢海氏牛肝菌 *Heimioporus retisporus*、肥脚白鬼伞 *Leucocoprinus cepaestipes*、有毒新牛肝菌 *Neoboletus venenatus*、黄粉末牛肝菌 *Pulveroboletus ravenelii*、日本红菇 *Russula japonica*、点柄黄红菇 *R. senecis*、琥珀乳牛肝菌 *Suillus placidus*、铅紫牛肝菌 *Sutorius eximius*、苦粉孢牛肝菌 *Tylopilus felleus* 和新苦粉孢牛肝菌 *T. neofelleus*。

2. 胃肠炎型中毒临床症状

误食该类毒蘑菇后，大多数在食后 15 min 至 2 h 出现症状，主要表现为恶心、呕吐、腹绞痛、腹泻。可能伴有焦虑、发汗、畏寒和心跳加速等症状。严重情况下，可能出现肌肉痉挛、循环障碍或者电解质流失。对于小孩，体液快速损失可能导致血流动力学紊乱。大多数情况下，这种胃肠炎症状在 8~12 h 后会自发消退。

病例 1：2004 年 6 月 12 日晚 8 时，湖南衡阳市黄某一家 3 人误食了从菜地采回的 4 个蘑菇（后经湖南师范大学陈作红鉴定为大青褶伞 *Chlorophyllum molybdites*），晚 9 时左右出现恶心、胸闷、呕吐，伴随腹痛、腹泻、头晕、乏力、心率增快，达 100 次 /min，白细胞增多，大便中有白细胞，肠炎膜有脱落现象，次日凌晨 1 时入住医院，主要进行输液治疗，加有阿托品类、维生素 B_6 和维生素 C。13 日上午 2 人出院，另 1 人 14 日出院。

病例 2：2006 年 2 月 9 日中午，贵阳市某公司 87 名职工在食堂进餐，误食了混杂有黄粉末牛肝菌 *Pulveroboletus ravenelii* 的牛肝菌炒肉片，累计 77 人发病，发病者均自述进食了牛肝菌肉片。进餐后约 20 min，首例患者突然出现上腹剧烈疼痛，伴恶心、呕吐 4 次，腹泻 4 次，大便开始呈黄色稀便，后逐渐转变成洗肉水样便，有全身出汗、腹绞痛。此后与患者一同进餐者陆续发病，均表现为不同程度的恶心、呕吐、腹痛、腹泻等消化道症状，以餐后 1~2 h 为发病高峰，血液生化检验结果显示 7 人有轻度转氨酶增高，2 人有中度转氨酶增高。3 名危重患者出现畏寒、寒战、脉搏过速、血压下降等中毒性休克样表现。所有患者均无发热现象。77 名患者住院治疗 1~6 周，主要以抗炎、保肝、制酸及对症支持治疗为主，对消化道出血严重者，给予输血治疗后，均康复出院（周亚娟等，2008）。

3. 胃肠炎型蘑菇毒素

胃肠炎型蘑菇种类的多样性造成了毒素种类的多样性，能引起胃肠炎型的刺激性或有毒物质多种多样，由于篇幅有限，这里暂不作详细介绍。

这里值得提醒的是，一些鹅膏等剧毒蘑菇所含的毒素最初也能引起胃肠炎型症状，后期才出现致命的重度中毒症状。因此，不要误以为"胃肠炎型蘑菇中毒不会致命"而提前结束治疗，错失抢救的机会。

第五节　溶　血　型

1. 引起溶血型中毒的蘑菇种类

在我国的大部分文献中，都将含有鹿花菌素的鹿花菌属 *Gyromitra* 种类所引起的中毒归为溶血型，由于其症状主要表现为中枢神经系统障碍，国际上目前都将鹿花菌素引起的中毒归为癫痫性神经中毒类型（Diaz，2005；Graeme，2014）。

引起溶血型中毒的蘑菇种类主要是卷边桩菇 Paxillus involutus。该种分布广泛，欧洲、北美、亚洲都有分布，在我国主要分布于东北、华北、西北、西南、华中和华南地区。与杨、柳、落叶松、云杉、桦、山毛榉、栎等树木形成菌根。卷边桩菇是一种在欧洲经常导致中毒的种类，生食或未完全煮熟可导致溶血型中毒，在我国很多地区，卷边桩菇被当作食用菌采食，或者认为生食可产生胃肠道症状。2002 年作者调查了四川省德阳市发生的一起因误食卷边桩菇中毒事件，3 人中毒 2 人死亡。

2. 卷边桩菇引起的中毒症状

误食后症状出现快，一般 30 min 至 3 h 即出现恶心、呕吐、上腹痛和腹泻等肠胃症状。不久，溶血的发展导致尿液减少甚至无尿，尿液中出现血红蛋白及出现贫血。溶血会导致包括急性肾衰竭、休克、急性呼吸衰竭、弥散性血管内凝血等并发症，这些并发症的发生能显著增加死亡率。

3. 卷边桩菇的毒素及其中毒机制

卷边桩菇的中毒被认为是通过自身免疫性溶血产生的，蘑菇中的一种抗原触发了免疫系统，产生免疫球蛋白 G 抗体，抗原抗体复合物的形成攻击红细胞导致凝聚和溶血（Winkelmann et al., 1986；Flammer，1985）。Habtemariam（1996）利用鼠科动物和人的细胞株进行了卷边桩菇的不同溶剂提取液的毒性实验，结果表明乙酸乙酯部分具有毒性，并且具有热和酸稳定性，因此认为这种非极性、对热和酸稳定的毒素成分可能是导致卷边桩菇引起溶血和其他临床症状的原因，但是这种毒素成分到目前仍不清楚。

第六节　横纹肌溶解型

1. 引起横纹肌溶解型中毒的蘑菇种类

由毒蘑菇引起横纹肌溶解（rhabdomyolysis）的症状首先于 2001 年在

法国报道，由于误食油黄口蘑 *Tricholoma equestre* 引起 12 例横纹肌溶解，其中 3 人死亡（Saviuc and Danel，2006）。之后，相继在中国台湾、日本和中国大陆报道了由亚稀褶红菇 *Russula subnigricans* 引起横纹肌溶解并导致数十人死亡的中毒事件（Lee *et al.*，2001；Matsuura *et al.*，2009；Chen *et al.*，2014）。近年来，在我国，由亚稀褶红菇引起的中毒事件频频发生，主要发生在湖南、湖北、浙江、贵州、云南等南方省份。亚稀褶红菇属于红菇属，与红菇属中其他可以食用的种类如稀褶红菇 *Russula nigricans*、密褶红菇 *R. densifolia* 极为相似，老百姓都称为"火炭菌"，很难从外观形态上将它们区分开来。亚稀褶红菇生长于马尾松与山毛榉科植物的混交林中，发生于 7~9 月份。

2. 亚稀褶红菇中毒症状

误食亚稀褶红菇后，发病时间最短的为 10 min，其余均在 1 h 内出现症状。症状开始时表现为恶心、呕吐、腹痛、腹泻现象，并有乏力感，24 h 后，出现全身乏力明显、肌肉痉挛性疼痛、肢体乏力、明显的腰背痛、肌肉酸痛、胸闷、心悸、呼吸急促困难、血尿或血红蛋白尿，出现酱油色尿液。生化指标表现为肌酸激酶急剧上升，高的达到数万甚至十万单位以上。严重者最后导致多器官功能衰竭死亡。

病例 1：2014 年 8 月 12 日晚，浙江省德清县筏头乡一工厂 5 名员工食用了其中一名员工从山上采集的野生蘑菇，其中两人因食用量较多，晚上相继出现呕吐、下泻等症状，后被送至浙江省某医院抢救，入院后，生化指标检测显示，2 位严重患者的肌酸激酶（CK）分别高达 84 824 U/L 和 140 259 U/L，AST 分别为 2435 U/L 和 2254 U/L，ALT 分别为 1108 U/L 和 604 U/L，LDH 分别为 3824 U/L 和 2246 U/L。虽经医院 ICU 全力抢救，但两人于 8 月 15 日因多器官衰竭而先后死亡。应浙江省德清县公安局刑侦大队的邀请，湖南师范大学陈作红赴现场采集标本，并将食用后留下的蘑菇剩余标本带回实验室，经形态学和分子生物学鉴定为亚稀褶红菇。

病例 2：2013 年 7 月 19 日，贵州省石阡县一家 7 口（3 男 4 女）食用了从山上采集的野生蘑菇，经鉴定为亚稀褶红菇，每人食用的量为 10~100 g，之后出现恶心、呕吐、腹泻和头晕等症状，7 月 20 日被送至遵义某医院治疗，入院后，所有患者疲劳和肌肉无力，其中 5 位患者腿上部肌肉疼痛，不发烧，所有患者的血压正常。生化检测显示 7 位患者的肌酸激酶

(CK)平均为 2063 U/L（范围，126~66 950 U/L），有 3 位患者的 CK 酶达到 10 000 U/L 以上。AST 平均为 151 U/L（范围，24~636 U/L），ALT 平均为 32 U/L（范围，12~178 U/L）。凝血功能检测和血清肌酐正常。3 位患者血钾偏低（3.02~3.41 mmol/L），2 位患者血钙偏低（2.06~2.16 mmol/L）。医院采取洗胃、补液、大剂量青霉素及水飞蓟宾治疗。入院后的第 2 天，6 位患者中的 4 位 CK 酶继续升高，身体虚弱恶化，尿液颜色变深。故对这 4 位患者进行了血液透析，从第 3 天起，这 4 位患者的 CK 酶逐渐降低到正常水平，肌肉力量也得到恢复。7 位中的 1 位死亡，该死者入院后 12 h 内，身体虚弱，肌痛恶化，浓尿，入院 6 h 后进入 ICU 治疗，进行血液透析，第 3 天后患者开始高烧（40℃），严重脱水，出现急性心肌炎，包括心律失常、心血管虚脱和 QRS 波群的扩大。CK 酶进一步升高，达到 228 750 U/L。血钙降低至 1.51 mmol/L，血液尿素氮（53.69 mg/dL）和血清肌酐（SCr）(2.73 mg/dL)含量表明肾功能出现了障碍。医院虽采取了一系列抢救措施，但该患者于入院后的第 4 天死亡（Lin *et al*.，2015）。

3. 亚稀褶红菇的毒素

日本学者 Takahashi 等（1992，1993）从亚稀褶红菇子实体中先后分离出 6 种苯醚类化合物 russuphelins A、B、C、D、E 和 F，其中 russuphelins A、B、C 和 D 在体外具有细胞毒活性，之后一直认为该类化合物是亚稀褶红菇的毒素成分。2005~2007 年，在日本由于误食亚稀褶红菇发生了 3 起导致 6 人中毒 4 人死亡的事件，为了寻找致死毒素，Matsuura 等（2009）以小鼠毒性为筛选模型，开展了亚稀褶红菇的毒素分离，并找到了致死毒素，称为环丙 -2- 烯羧酸（cycloprop-2-ene carboxylic acid）化合物，该毒素能引起横纹肌溶解，对小鼠的致死剂量为 2.5 mg/kg 体重。有关其中毒机制目前仍不清楚。

第七节　光过敏性皮炎型

1. 引起光过敏性皮炎型的毒蘑菇种类

在我国，引起光过敏性皮炎型的毒蘑菇主要有两种，一种为污胶鼓菌

Bulgaria inquinans，另一种为叶状耳盘菌 *Cordierites frondosa*。

污胶鼓菌，又称胶陀螺、猪嘴蘑、拱咀蘑，是东北地区常见的食用菌，但处理不当或者食用过多极易造成中毒。主要分布于我国的吉林、河北、河南、辽宁、四川、甘肃、云南等地。

叶状耳盘菌，又称暗皮皿菌、毒木耳，外观形态、色泽、生态习性及发生季节与木耳极为相似，常在腐木或者人工栽培的段木上生长，主要分布于湖南、广西、陕西、云南、贵州、四川等地。该菌子实体内部解剖特征和木耳可以区别，在热水或碱性溶液中有大量褐色色素析出，木耳则无此种现象，因此应用该方法可以将它们区分开来。

2. 引起光过敏性皮炎型的毒蘑菇中毒症状

污胶鼓菌和叶状耳盘菌的中毒症状特点相同，属日光过敏性皮炎型症状。潜伏期较长，最快食后 3 h 发病，一般在 1~2 天发病。主要表现为"日晒伤"样红、肿、热、刺痒、灼痛。开始多感到面部肌肉抽搐，火烧样发热，手指和脚趾疼痛，严重者皮肤出现颗粒状斑点，针刺般疼痛，发痒难忍，发病过程中伴有恶心、呕吐、腹痛、腹泻、乏力、呼吸困难等症状。在日光下会加重。经 4~5 天后渐好转，病程长者可达 15 天。

病例 1：男，24 岁，1996 年 8 月 14 日下午因手、足、面部皮肤灼痛 1 天入院，患者于入院前 50 h 进食从东北运来的木头上培植的蘑菇（经中国科学院微生物研究所专家鉴定为胶陀螺）约 150 g（爆炒后进食），36 h 后发现面部、手背、足背皮肤潮红，有粟粒样丘疹，水肿，烧灼样刺痛难忍，以指和趾为甚。否认射线及药物过敏史。神经系统、实验室检查肝功能正常，胸透、心电图无异常。女，26 岁，男患者之妻，8 月 16 日下午因手背、面部皮肤灼痛 3 天，加重半天伴恶心入院。与其丈夫同时发病，但症状较轻，加重后才入院。入院后 2 人均给予静脉补液加氢化可的松，肌注维生素 B_1、B_{12}，口服扑尔敏（氯苯吡胺）、维生素 C 及钙片等治疗，3 天后痊愈出院（胡建友，2002）。

病例 2：1992 年 7 月 3 日，云南省永平县厂街乡发生一起食用黑木耳引起的中毒事件，全家 8 口，6 人食用后都发生中毒。经中国科学院昆明植物研究所鉴定，这次中毒是误将叶状耳盘菌当成黑木耳食用后引起的。张某到村子附近的山沟里，从被砍倒 3 年以上的麻栗树上采回与黑木耳相似的叶状耳盘菌 1.5 kg，全家下午 6 时进食，次日中午开始发病，3 岁的小女儿因进食过多，中毒严重，经当地医务人员抢救无效死亡。其他 5 人经一般治疗无好转于 7 月 5 日转县医院住院治疗，一周后好转出院。发病 6 人中全身症状均不明显，主要表现是在暴露部位的皮肤有麻木感、红肿疼痛、双眼睑水肿和怕光、疼痛部位同时并发水肿，特别是被日光照晒后更明显，皮肤相继出现大至蚕豆、小至黄豆大小的水泡（彭德峰和董保柱，1995）。

3. 引起光过敏性皮炎型的毒素成分

引起光过敏性皮炎型毒蘑菇的毒素可能属于光过敏物质卟啉毒素类（porphyrins），当毒素经过消化道被吸收，进入体内后可使人体细胞对日光敏感性增加，导致凡是接触日光照射的部位均出现"日晒伤"样皮炎，呈针刺般痒痛。

第三章　毒蘑菇中毒诊断与治疗

第一节　毒蘑菇中毒诊断与治疗总原则

1. 诊断总原则

（1）询问病史：蘑菇中毒属于食物中毒，在诊断治疗时必须仔细向患者及家属了解发病前后的进食情况，有无食用野生菌的历史，是否有同食成员集体发病的流行病学史。

（2）标本的确认：标本的及早确认对于中毒的诊断和治疗具有重要意义，可以及早了解该类毒蘑菇的发病特征，以便采取相应的对症治疗方法。食后残存的蘑菇标本或者由采集者及其家属再到现场采集标本请蘑菇专家确认是否为毒蘑菇。如果食用的是单一蘑菇种类，采集后经中毒患者确认后可用于专家鉴定；如果食用的是混杂的蘑菇，需要在现场尽量采集所有种类，因为有时中毒往往是由于不小心采集到的几个剧毒蘑菇所引起，而其他大多数种类是可以食用的，在这种情况下如果没有采集到所有种类，会给标本的鉴定带来困难。

（3）临床表现：不同毒蘑菇的中毒类型所产生的临床症状不一样，可以通过早期的一些临床症状特征来诊断中毒类型以便采取相应的治疗方法。例如，误食鹅膏菌后有 6~12 h 的潜伏期，这点非常重要，一旦有潜伏期出现，就要考虑到极有可能是鹅膏菌中毒，需要及时送至条件好的医院进行治疗。

（4）实验生化检查：中毒者血常规大多升高，但也有相当一部分中毒患者血常规正常；鹅膏毒蕈中毒的患者，血液中谷草转氨酶（AST）和谷丙转氨酶（ALT）可在 24 h 里开始升高，而且是进行性上升，可高达几千甚至上万个单位；亚稀褶红菇中毒数小时后即可出现血尿，肌酸激酶（CK）急剧上升；等等。通过这些生化指标特征，可以诊断是由哪类蘑菇引起中毒并及时采取相应的治疗方法。

（5）毒素测定：通过采集中毒者食后的残留物、呕吐物、排泄物、血液等送至有条件的机构进行检测分析，确定是由哪类毒蘑菇所引起。目前能够检测的主要是鹅膏肽类毒素，也是毒蘑菇中最主要的致死毒素。

2. 治疗总原则

目前世界上尚无治疗毒蘑菇的特效药，唯一的办法就是早治疗，临床治疗为对症支持治疗及脏器支持治疗，不同种类的蘑菇引起的中毒，其治疗方法有一定的不同，总的治疗原则如下。

（1）减少毒素吸收，促进毒素的排出：对于那些误食了毒蘑菇后1~2 h到达医院的中毒患者或者还未出现或刚表现出恶心、呕吐、腹痛、腹泻等症状的患者，采用胃肠道清除，减少毒素的吸收是有效的。胃肠道清除有以下处理方法：①催吐，误食后早期进行催吐是排出胃内毒物的最好办法，并可加强洗胃的效果。②洗胃，早期洗胃可以清除胃中绝大部分未经吸收的毒物。③导泻，毒蘑菇随食物排入肠道后，洗胃便无法清除，可利用导泻的办法，促进肠蠕动，使毒物尚未被吸收就通过肠道被排出。④吸附，口服活性炭可以很好地吸附一些蘑菇毒素。⑤利尿，维持适宜的尿液排出量是必需的，但过度排尿会给本已受损的肾带来危险。

（2）精心观察护理和对症治疗：患者住院观察期间，及时给予补液、吸氧、补充能量，维持水和电解质平衡，心电监护，每日检查肾功能、肝功能、血凝等生化指标，并分析指标的变化趋势指导治疗，严密观察生命体征及病情变化，并做好心理安抚工作。

（3）血液净化：包括血液灌流、血液透析、腹膜透析、血浆置换、连续性血液净化技术、分子吸附再循环系统（MARS）等。

（4）药物治疗：中毒类型诊断以后，可针对不同类型采用不同的有效药物，只有少数中毒类型具有特效解毒药物。

第二节　急性肝损害型中毒诊断与治疗

引起急性肝损害型的毒蘑菇主要是含有鹅膏肽类毒素的一些种类，在我国，最主要的种类包括鹅膏菌属 *Amanita*、盔孢伞属 *Galerina* 及环柄菇属 *Lepiota* 的一些种类，是蘑菇中毒中导致死亡的最主要原因。

1. 急性肝损害型中毒诊断要点

（1）误食后具有 6~12 h 的潜伏期，也有病例到 20 h 后才出现症状。

（2）6~48 h，潜伏期过后出现恶心、呕吐、腹泻等肠胃症状。

（3）48~72 h，假愈期，症状消失，近似康复，1~2 天无明显易见症状。

（4）72~96 h，内脏损害期，患者重新出现腹痛、带血样腹泻，出现黄疸，肝功能异常，肝肾功能恶化，凝血功能障碍，引起内出血，导致多器官功能衰竭，5~16 天患者死亡。

（5）中毒 24 h 后血液生化指标检测肝功能酶谷草转氨酶（AST）、谷丙转氨酶（ALT）急剧上升。

（6）中毒患者食后的残留物、呕吐物、血液或尿液等被检测出含有鹅膏肽类毒素。

中毒严重程度分级：根据症状可分为 4 级（Benjamin，1995）。

1 级：潜伏期过后患者出现典型的肠胃症状，但肝肾功能生化指标正常。

2 级：患者出现鹅膏中毒症状，转氨酶轻度或者中度升高（500 U/L），但不出现凝血功能障碍。

3 级：患者出现严重的肝损害，转氨酶升高（高于 500 U/L），血浆凝血功能障碍，如凝血酶原时间延长。3 级中又可根据胆红素值分为 2 个亚级：3 级 A，胆红素轻度变化；3 级 B，胆红素急剧持续升高。

4 级：患者转氨酶、胆红素急剧升高，并伴随凝血功能急剧恶化，出现肾衰竭。

2. 急性肝损害型中毒治疗方法

（1）早期催吐、洗胃、导泻：由于鹅膏菌引起的中毒具有 6~12 h 的潜伏期，大多数患者都是误食后数小时开始呕吐、腹泻以后才进入医院，对于这些患者，洗胃和催吐药不能起到十分明显的作用。但在临床上发病即使已超过 6 h，仍宜给予洗胃、导泻等治疗，以减少毒素的吸收。

（2）精心观察护理和对症支持治疗：精心医护已成为提高鹅膏中毒生存率的重要因素，对于每位患者来说，并不是以下所有方法都要采用，但在适当情况下这些方法都应考虑和采用：①摄取和排泄的监护；②输液治疗；③中心静脉导管的安置，便于血液动力学不稳的患者的体液监测；④静脉注射葡萄糖，维持血液中正常葡萄糖的水平可防止对低血糖的不利影响；⑤血清因子的监测，凝血酶原、转氨酶、肌酸酶、电解质、钙、磷酸盐、纤维蛋白原和氨的水平应定时（每12~24 h）进行监测；⑥血浆的补充，对于那些胃肠出血的患者需要补充血浆以维持血液体积和凝血因子的适当水平；⑦输血治疗，当胃肠损害很严重时，需进行输血补充。

（3）药物治疗：在过去，尽管试验了许多药物试图减少毒素对肝的进一步损害，但由于每位患者所得到的治疗复杂，难以判断这些药物的真正效果。Enjalbert 等（2002）总结了过去20年报道的治疗鹅膏中毒的临床数据，统计分析表明最常用的青霉素效果不大，硫辛酸和皮质类固醇类药物对治疗无益，而水飞蓟宾（silibinin）和 N-乙酰半胱氨酸（N-acetylcysteine）是最有效的解毒药物。水飞蓟宾从野生植物蓟（*Silybum marianum*）中提取而来，由于它的护肝作用而在欧洲得到广泛使用，大量的实验和临床研究证明了它的有效性。在一些欧洲国家，水飞蓟宾目前已被批准为专门治疗鹅膏中毒的解毒药物（Mengs *et al*., 2012）。在我国，含有水飞蓟宾的胶囊如益肝灵等在鹅膏中毒临床应用上也取得了好的效果。此外，下列药物临床上仍在广泛使用，如大剂量的青霉素 G、维生素 K、N-乙酰半胱氨酸、皮质类固醇如地塞米松、还原性谷胱甘肽、二巯基丙磺酸钠等。

（4）中药治疗：灵芝作为我国传统的最负盛名的中药真菌。近年来，我国利用灵芝治疗鹅膏中毒取得了很好的临床治疗效果。何晓玲和何介元（1999）报道了利用灵芝治疗28例剧毒鹅膏菌中毒患者，治愈了27例。肖桂林等（2006）报道了利用灵芝煎剂治疗103例鹅膏中毒病例，效果明显。熊国华和刘伟宏（2010）报道了84例毒菌中毒治疗，其中42例采用灵芝治疗，效果明显。实验研究也表明灵芝对鹅膏毒肽所致肝损伤具有很好的治疗效果，灵芝的抗氧化活性是其具有解毒作用的机制之一（Wu *et al*., 2013）。

（5）血液净化治疗：常规的血液净化技术如血液灌流、血液透析、血液滤过、血浆置换在过去被广泛应用于鹅膏中毒临床治疗，尽管基于毒素动力学和临床经验，这些方法效果不大，但在很多国家，不管何种中毒，血液净化是一种通用的方法。血液净化对保持代谢正常和改善凝血机制是有好处的。近年来在我国报道利用连续性血液净化技术及联合应用以上技术在毒蘑菇引起急性肝损害中毒治疗中取得了明显的疗效（姜东辉等，2016；方建江，2011；董春玲等，2005；贾乐文等，2005；杨江英等，2003）。近10年来也出现了一些新的血液净化技术和装置，如分子吸附再循环系统（MARS）和普罗米修斯（Prometheus）人工肝，该类非生物人工肝具有两个循环，将传统血液透析与白蛋白吸附结合，能分别清除白蛋白结合物毒素和水溶性毒素（Wittebole and Hantson，2011；Evenepoel et al.，2005）。Wittebole和Hantson（2011）统计了世界上2002~2010年至少48例因鹅膏中毒导致肝功能衰竭而使用了分子吸附再循环系统治疗的病例报告，认为MARS可改善症状和生化指标，有助于恢复肝功能。利用普罗米修斯人工肝装置并结合常规对症支持治疗方法治疗鹅膏中毒也取得了很好的效果（Bergis et al.，2012；Vardar et al.，2010）。

第三节　急性肾衰竭型中毒诊断与治疗

引起急性肾衰竭型的毒蘑菇有两类，即丝膜菌属中含奥来毒素的物种和鹅膏菌属鳞鹅膏组中含有2-氨基-4,5-已二烯酸的物种。在我国主要是由假褐云斑鹅膏 *Amanita pseudoporphyria*、赤脚鹅膏 *A. gymnopus*、拟卵盖鹅膏 *A. neoovoidea*、假褐云斑鹅膏近似种 *A. cf. pseudoporphyria* 和欧氏鹅膏 *A. oberwinklerana* 引起。在我国，对丝膜菌属中的此类物种尚缺乏较深入的认识。

1. 急性肾衰竭型中毒诊断要点

（1）误食后具有8~12 h的潜伏期，之后出现呕吐、腹泻、腹痛等肠胃症状。
（2）少尿或无尿。
（3）肝功能轻度或中度受损，肝转氨酶升高约为正常上限的15倍。
（4）肾功能损害严重，生化指标表现为血液中肌酐和尿素氮升高。

2. 急性肾衰竭型中毒治疗方法

（1）洗胃、导泻：误食后10 h或更长的时间仍应进行彻底洗胃及有效的导泻，以清除消化道中的残留毒素。
（2）精心观察护理和对症支持治疗：除常规的观察、监测外，需要特别注意的是，在少尿或无尿期，患者应给予改善肾血流、利尿、维持液体出入平衡等治疗，防止发生水中毒而出现全身水肿、血压增高，甚至心衰，故此期应仔细观察呼吸、脉搏、血压及脉压差，保证每日出入液量的平衡，每日准确记录出入液量。保持体液内环境稳定。随着治疗，肾血液循环开始恢复，尿液增多，常导致水电解质平衡紊乱和血液生理的变化，因此在多尿期仍应准确记录出入量，防止脱水、低钠、低钾和血容量不足。

（3）药物治疗：水飞蓟宾、N-乙酰半胱氨酸等。

（4）血液透析治疗：血液透析是目前治疗急性肾损害型中毒最有效的方法。

第四节　神经精神型中毒诊断与治疗

能引起神经精神型中毒的毒蘑菇种类较多，可以产生4种类型的神经中毒。在我国，主要的种类包括：粉褶蕈属 *Entoloma*、丝盖伞属 *Inocybe*、杯伞属 *Clitocybe*、褐盖菇属 *Psilocybe*、斑褶伞属 *Panaeolus*、裸伞属 *Gymnopilus* 等。鹿花菌属 *Gyromitra* 种类的中毒事件在我国很少发生。

1. 神经精神型中毒诊断要点

（1）误食后发病快，通常在 15 min 至 2 h 发病。

（2）含毒蕈碱种类中毒临床症状特征表现为多涎、流泪、出汗、排尿、腹痛、腹泻及呕吐，并且常伴有心搏过缓、瞳孔缩小、视力模糊甚至出现幻觉；含异噁唑衍生物种类中毒临床症状表现为恶心、呕吐、运动性抑郁、共济失调、精神错乱、视觉畸变、头晕、兴奋等。含裸盖菇素蘑菇中毒临床症状表现为神经病症状、视觉错乱、色彩和形态干扰、精神欢快、动作失调等，躯体感觉如头脑眩晕、精神沮丧并伴有焦虑不安。

（3）4~24 h 恢复。

2. 神经精神型中毒治疗方法

（1）食后 1~2 h 进行催吐、洗胃和导泻。

（2）对症支持治疗：给予常规对症支持治疗，保护心脏、脑、肝等脏器功能，维持水盐电解质及酸碱平衡，加速排毒等处理。

（3）药物治疗：对于含毒蕈碱的蘑菇中毒，阿托品是特效解毒药物。对于含异噁唑衍生物和含裸盖菇素的蘑菇中毒，主要采用抗精神类药物，如苯二氮䓬类药物（benzodiazepines）（又称地西泮）和巴比妥类药物可有效控制兴奋和癫痫发作。此外，联合运用氟哌啶醇加氢溴酸东莨菪碱治疗神经精神型毒蕈中毒能明显缩短病程，神经精神症状恢复快，疗效肯定（刘林东等，2012）。

第五节　胃肠炎型中毒诊断与治疗

毒蘑菇误食后绝大部分都可引起胃肠炎型中毒。这里所指的是只产生胃肠炎型中毒，而不包括产生其他器官损害的中毒。

1. 胃肠炎型中毒诊断要点

（1）发病快，大多数在食后 15 min 至 2 h 出现症状。

（2）主要表现为恶心、呕吐、腹绞痛、腹泻。可能伴有焦虑、发汗、畏寒和心跳加速等症状。严重情况下，可能出现肌肉痉挛、循环障碍或者电解质流失。

2. 胃肠炎型中毒治疗方法

（1）及时进行催吐、洗胃和导泻。

（2）对症支持治疗：体液和电解质流失监测，维持水盐电解质及酸碱平衡。密切观察和监测肝、肾、心脏、脑等其他器官功能指标变化。

第六节　溶血型中毒诊断与治疗

在我国，引起溶血型中毒的蘑菇种类主要是卷边桩菇 *Paxillus involutus*。

1. 溶血型中毒诊断要点

（1）误食后症状出现快，一般 30 min 至 3 h 即出现恶心、呕吐、上腹痛和腹泻等肠胃症状。

（2）尿液减少甚至无尿，尿液中出现血红蛋白及贫血。
（3）严重患者会导致包括急性肾衰竭、休克、急性呼吸衰竭、弥散性血管内凝血等并发症。

2. 溶血型中毒治疗方法

（1）及时进行催吐、洗胃和导泻，减少体内毒素。
（2）对症支持治疗：监测全血计数、血压、肝肾功能指标，维持体液和电解质平衡。
（3）药物治疗：糖皮质激素对自身免疫性溶血性贫血有较好的疗效。
（4）血液净化治疗：包括腹膜透析、血液透析、血浆置换等。

第七节 横纹肌溶解型中毒诊断与治疗

在我国，横纹肌溶解型中毒主要由亚稀褶红菇 *Russula subnigricans* 引起。2000年以后，由亚稀褶红菇引起的中毒事件在我国湖南、湖北、浙江、贵州、云南等南方省份频频发生，已导致数十人死亡。

1. 横纹肌溶解型中毒诊断要点

（1）发病快，误食亚稀褶红菇后，发病时间最短的为 10 min，其余均在 1 h 内出现症状。
（2）症状开始时表现为恶心、呕吐、腹痛、腹泻现象，并有乏力感，24 h 后，出现全身乏力明显、肌肉痉挛性疼痛、肢体乏力、明显的腰背痛、肌肉酸痛、胸闷、心悸、呼吸急促困难。
（3）少尿或者无尿，血尿或血红蛋白尿，出现酱油色尿液。
（4）生化指标表现为肌酸激酶急剧上升，高的达到数万甚至十万单位以上。

2. 横纹肌溶解型中毒治疗方法

（1）尽快进行催吐、洗胃和导泻，减少体内毒素。
（2）精心观察护理和对症支持治疗：维持体液和电解质平衡。密切观察和监测肝、肾、心脏、脑等其他器官功能指标变化。若患者出现酱油色尿，CK 明显增高，给予加强静脉补液，并用碳酸氢钠碱化尿液；对肝功能异常者，给予甘利欣、阿拓莫兰、水飞蓟宾等护肝药物，对出现心肌损害的患者视其心功能情况，给予适量补液的同时应用心血管药物，改善心肌血供。呼吸困难患者及时给予呼吸机辅助通气。

（3）血液净化治疗：血液灌流和血液透析联合使用对横纹肌溶解型中毒患者进行救治具有很好的有效性（王晋鹏等，2015）。

第八节　光过敏性皮炎型中毒诊断与治疗

在我国，引起光过敏性皮炎型的毒蘑菇主要有两种，一种为污胶鼓菌 *Bulgaria inquinans*，另一种为叶状耳盘菌 *Cordierites frondosa*。

1. 光过敏性皮炎型中毒诊断要点

（1）潜伏期较长，最快食后 3 h 发病，一般在 1~2 天发病。
（2）症状主要表现为"日晒伤"样红、肿、热、刺痒、灼痛。
（3）严重者皮肤出现颗粒状斑点，针刺般疼痛，发痒难忍。
（4）常伴有恶心、呕吐、腹痛、腹泻、乏力、呼吸困难等症状。

2. 光过敏性皮炎型中毒治疗方法

（1）催吐、洗胃，减少体内毒素。
（2）精心护理和对症支持治疗：患者病房避免日光和强光照射；大量静脉补液，利尿，维持体液电解质平衡；做好皮肤清洁护理，防止感染。
（3）药物治疗：氢化可的松、地塞米松、扑尔敏（氯苯吡胺）等抗炎、抗过敏药物。

第四章 毒蘑菇形态特征与识别方法

第一节 毒蘑菇的形态特征

1. 子实体形态多样性

人们通常所称的蘑菇是指生长在基质表面的子实体，是蘑菇的繁殖器官，主要功能是产生孢子，繁殖后代，相当于高等植物的果实，也是人们所食用的部分。子实体的形态特征多种多样，除人们所常见的伞状外，还有棒状、盘状、贝壳状、球状、珊瑚状、耳状、脑状等（图4-1）。从外观形态上区分不开哪些是有毒的，哪些是无毒的。

图4-1 蘑菇子实体的形态特征

| 贝壳状 | 珊瑚状 | 笔状 |

图 4-1　蘑菇子实体的形态特征（续）

2. 伞菌子实体组成

伞菌子实体由菌盖、菌柄组成，某些种类在菌柄上还具菌环或菌托。

鹅膏菌是伞菌中唯一既具有菌环又具有菌托的一大类蘑菇，鹅膏菌属是一个世界性分布的大属，全球有 500 多个种，我国已经发现和描述了的种类有 130 多种（杨祝良，2015）。

鹅膏菌属中有的种类可以食用，但大部分是有毒或者剧毒的。剧毒种类在形态特征上全部具有菌环和菌托（图 4-2）。

图 4-2　典型鹅膏菌子实体组成

3. 菌盖特征

菌盖是子实体的帽状部分，由表皮、菌肉和菌褶或菌管组成。

菌盖的形状因种类不同而有所区别，同时大多数会随生长发育而有所变化，基本形状通常以成熟时为标准，大致有圆形、半圆形、圆锥形、卵圆形、钟形、半球形、斗笠形、匙形、扇形、漏斗形、喇叭形、马鞍形等。

菌盖中央有平展、凸起、下凹、尖突或脐状等，菌盖边缘的形状，各种之间也常不一样，有的全缘，有的开裂、具条纹，有的内卷或翻起，有的呈波状、花瓣状等。

菌盖的表面有的光滑，有的具皱纹、条纹或龟裂，有的干燥、湿润、黏滑，还有的表面粗糙具纤毛状、丛毛状鳞片或呈粉末状等。

菌盖表面的颜色也多种多样，老百姓常认为鲜艳的蘑菇是有毒的这种观点并不正确，一是有的蘑菇颜色很鲜艳漂亮，如橙盖鹅膏，但它是美味的食用菌；另外，一些剧毒的蘑菇，如灰花纹鹅膏、亚稀褶红菇、致命鹅膏等，其颜色并不鲜艳，它们是灰色至灰黑色或纯白色，因此，凭借颜色并不能判断蘑菇是否有毒（图4-3）。

菌盖边缘具条纹

菌盖表面具粉末状

表面具疣状

菌盖边缘菌幕残片

表面具花纹，且中央颜色深

表面具块鳞

图4-3 鹅膏菌菌盖特征

4. 菌环特征

菌环是指生于菌柄上的呈环状、膜状或裙状的结构。它是由伞菌子实体幼小时存在于菌盖与菌柄间的内菌幕发育而来，子实体长大后，内菌幕破裂，部分残留在菌盖边缘，部分残留在菌柄上。

菌环呈环状、膜质，有薄有厚、有大有小，有的固定不动，有的则能上下滑动，有的位于菌柄的上部，有的位于中部，有的位于下部，菌环一般都长久地滞留在菌柄上，但也有一些种类，其菌环在子实体成熟后即消逝（图4-4）。

顶生，膜质　　　　　上位，膜质　　　　　中位，膜质

丝膜状　　　　　　　膜状向上　　　　　　菌环易脱落

图4-4　鹅膏菌菌环特征

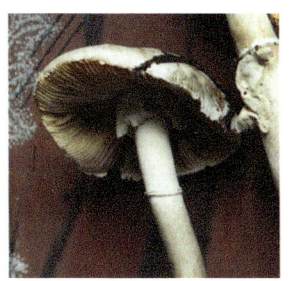 

双环　　　　　　　　　絮状，易消失

图 4-4　鹅膏菌菌环特征（续）

5. 菌托特征

菌托是指菌柄基部呈杯状、鞘状的结构，是由伞菌子实体幼小时包裹在整个菌蕾外面的菌幕发育而来，菌蕾长大后，留在菌柄基部的外菌幕有的就发育成菌托。

菌托的形状多种多样，有袋状、杯状、苞状、鳞茎状、裂片状等，菌托的上缘有开裂、波状等，有的种类菌托不明显，只是在膨大基部的周围具有环带状、颗粒状、粉状等特征（图 4-5）。

袋状　　　　　　　浅杯状　　　　　　　杵状

图 4-5　鹅膏菌菌托特征

第四章　毒蘑菇形态特征与识别方法

颗粒状　　　　　　　　环带状　　　　　　　　裸状

图 4-5　鹅膏菌菌托特征（续）

6. 菌褶和菌管

伞菌菌盖下面呈放射状排列的薄片称为菌褶。牛肝菌、多孔菌等菌盖下面生长着向下垂直的管状物，称为菌管。子实层着生在菌褶两侧或菌管中内壁上，故菌褶和菌管又都称为子实层体。

菌褶和菌管的稀密、长短和深度、分叉情况、颜色、伤变、有无分泌物等因种类不同而有很大变化。这些特征是分类的重要依据（图 4-6，图 4-7）。

菌褶　　　　　　　　　　　　　　菌管

图 4-6　蘑菇菌褶和菌管特征

菌褶的稀密与分支

菌管的稀密与深浅

图 4-6　蘑菇菌褶和菌管特征（续）

乳菇不同颜色的乳汁

牛肝菌受伤后变色

图 4-7　蘑菇受伤后的分泌物及颜色变化

第四章　毒蘑菇形态特征与识别方法

菌褶与菌柄的着生关系也是菌褶的重要特征，可分为直生、离生、弯生和延生等 4 种类型（图 4-8）。

直生：菌褶内端呈直角状着生在菌柄上。

离生：菌褶内端不与菌柄相接触。

弯生：菌褶内端与菌柄着生呈一弯曲状。

延生：菌褶内端沿菌柄下延。

直生　　　　　　　　　　　离生

弯生　　　　　　　　　　　延生

图 4-8　菌褶与菌柄的着生关系

7. 担子、担孢子和子囊、子囊孢子

蘑菇可分为两大类，担子菌和子囊菌，担子菌产生担孢子，子囊菌产生子囊孢子，担孢子由位于菌褶两侧或者菌管内壁的子实层上的担子所产生，子囊孢子由位于子囊腔内或者子囊盘上的子实层产生。

在担子菌中，子实层是由担子和囊状体组成，在子囊菌中，子实层是由子囊和侧丝组成。担子的类型多种多样，有无隔担子和有隔担子，有隔担子又分为横隔担子和纵隔担子。子囊的类型也形状不一，从圆形到圆柱形，有的具有分隔等。担孢子和子囊孢子的形态、大小、颜色、表面纹饰及淀粉质反应差异很大，这些都是分类上的重要性状（图4-9，图4-10）。

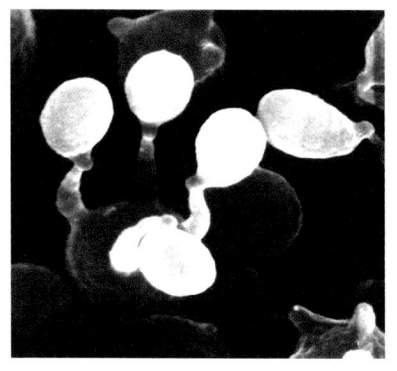 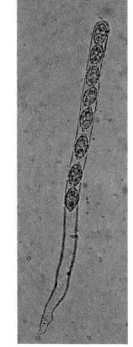

担子和担孢子　　　　　　子囊和子囊孢子

图4-9　蘑菇的担子、担孢子和子囊、子囊孢子

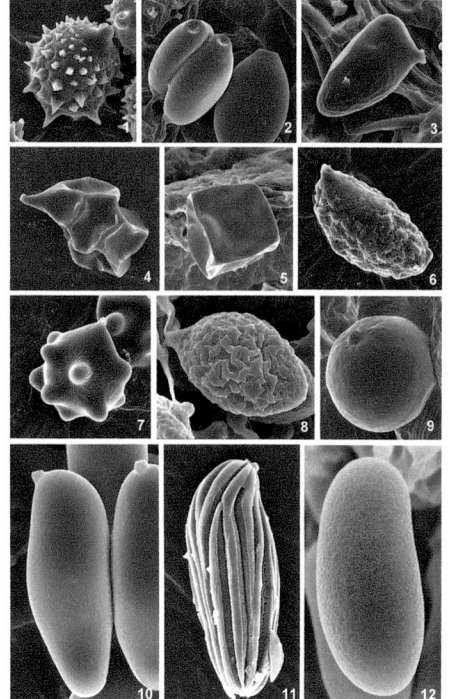

图4-10　担孢子的形态和表面纹饰特征
（扫描电子显微镜观察）

1. 孢子表面有刺；2. 孢子顶端有芽孔；3. 孢子近三角状；4. 孢子近多角状；5. 孢子立方体状；6. 孢子表面有疣突；7. 孢子表面有圆钝凸起；8. 孢子表面被有头盔状的薄膜；9. 孢子表面近光滑；10. 孢子表面光滑；11. 孢子表面有纵沟和纵脊；12. 孢子表面有杆菌状纹饰

第二节　毒蘑菇的生态特征

蘑菇依据其营养方式可以分为腐生型、寄生型和共生型3种类型（图4-11，图4-12）。

腐生型是指从动植物尸体或无生命的有机物质中获取养料，以维持自身生活的一种营养方式。这些蘑菇就称为腐生菌。腐生菌能分解自然界中大量的有机物质，因此在自然界物质循环中起着重要的作用。根据其生长基质可分为：木腐菌、草腐菌和土腐菌等。自然界很大一部分蘑菇都是生长在倒立的枯木上、落叶土层上、粪堆上、草原上或者含有腐殖质的土壤中。

致命鹅膏生长于黧蒴树林下

灰花纹鹅膏生长于栎树林中

亚稀褶红菇生长于壳斗科植物林中

图4-11　3种剧毒蘑菇的共生植物

条盖盔孢菌生长于腐木上　　　　条盖盔孢菌生长于锯末堆上

裸盖菇生长于有粪肥的田中　　　　裸盖菇生长于粪堆上

大青褶伞生长于菜地　　　　鹿花菌生长于土壤中

图 4-12　毒蘑菇的不同生态环境

寄生型是指一种生物生于另一种生物的体内或体表，并从后者摄取养料供其生长发育的营养方式。一些蘑菇如虫草能够寄生在昆虫和其他节肢动物上。

共生型是指一些蘑菇能与高等植物的根系形成菌根，它们之间形成互惠互利的关系。很多毒蘑菇种类属于共生菌，它们生长于松树、栎树等树林中。例如，致命鹅膏和灰花纹鹅膏通常生长在壳斗科植物等混交林下。

第四章　毒蘑菇形态特征与识别方法

第三节　毒蘑菇的形态识别方法

在现实生活中和蘑菇中毒事件调查过程中，经常有老百姓问：从外观形态上如何区分食用蘑菇和毒蘑菇？为什么我们每年都吃这种蘑菇没中毒怎么今年却又中毒了呢？是不是因为环境改变蘑菇发生了变异？等等。

在回答这些最基本、"最简单"的问题之前，让我们先看看图4-13中两两对应的蘑菇：它们的外观如此相像，但是一种是可食的，另一种是有毒甚至剧毒的；或者外观极为相似，但它们的中毒症状不一样，一种是肝损害，另一种是肾损害。

脱皮大环柄菇 *Macrolepiota detersa*（可食）

大青褶伞 *Chlorophyllum molybdites*（有毒!）

稀褶红菇 *Russula nigricans*（可食）

亚稀褶红菇 *Russula subnigricans*（剧毒!!）

图4-13　形态相似的食用蘑菇和毒蘑菇

黑木耳 *Auricularia heimuer*（可食）

叶状耳盘菌 *Cordierites frondosa*（有毒！）

肺形侧耳 *Pleurotus pulmonarius*（可食）

毒沟褶菌 *Trogia venenata*（有毒！）

隐花青鹅膏 *Amanita manginiana*（可食）

灰花纹鹅膏 *A. fuliginea*（剧毒！！）

图 4-13 形态相似的食用蘑菇和毒蘑菇（续）

欧氏鹅膏 *A. oberwinklerana*（剧毒!!，肾损害型）

致命鹅膏 *A. exitialis*（剧毒!!，肝损害型）

黄蜡鹅膏 *Amanita* sp.（可食）

黄盖鹅膏 *A. subjunquillea*（剧毒!!）

美味扇菇 *Panellus edulis*（可食）

日本类脐菇 *Omphalotus japonicus*（有毒!）

图 4-13　形态相似的食用蘑菇和毒蘑菇（续）

梯棱羊肚菌 *Morchella importuna*（可食）　　　鹿花菌 *Gyromitra esculenta*（有毒！）

图 4-13　形态相似的食用蘑菇和毒蘑菇（续）

实例： 2015 年 6 月 28 日，江苏省无锡市发生一家 7 口采食野生蘑菇中毒，4 人死亡的悲剧（见第一章典型案例）。7 月 13 日，无锡市第二人民医院重症科医生将现场采集的标本和拍摄的图片送至湖南师范大学生命科学学院真菌研究室，陈作红进行了标本鉴定和毒素检测。患者是贵州籍农民，他们说在老家经常吃这种蘑菇，怎么吃了江苏采的相同种类就中毒了呢？从图 4-14 可以看出，患者家属在现场采集的蘑菇有 3 种，其中 2 种为大环柄菇属 *Macrolepiota* 和蘑菇属 *Agaricus* 的种类，是可以食用的，而另外一种是剧毒的裂皮鹅膏 *Amanita rimosa*，这 3 种蘑菇生长在相同的环境下，非专业的真菌分类学专家很难区分开来，因为它们都有菌环，菌柄基部都膨大。患者在老家贵州经常采食的可能是大环柄菇和蘑菇属的种类，而到了江苏，当在野外采集他们认为是在老家经常采食的种类时，却同时遇到了与之相似的剧毒鹅膏，因而造成了这起惨剧。

毒蘑菇的种类繁多，它们的子实体形态也随种类的不同而不同，多种多样，至今还没有办法用简单的几句话来说清楚它们的形态识别特征，因为数百种毒蘑菇并没有"统一的形态特征"。种类和形态的多样是识别毒蘑菇的困难之一，但更大的困难还在于它们极易与可食种类相混淆：一些在普通人心目中具有"相同"或极相似外观形态特征的蘑菇，有的是可以食用的，而有的又是剧毒的，因此对于普通非专业人士来说，很难从外观形态上区分哪些是有毒的，哪些是无毒的。有些种类即使对于真菌分类学专家来说有时也难以分辨清楚，甚至出现过真菌分类学专家也因误食野生蘑菇而中毒的事情，因为在野生蘑菇世界中，人类尚未认识的种类还有很多。

第四章　毒蘑菇形态特征与识别方法

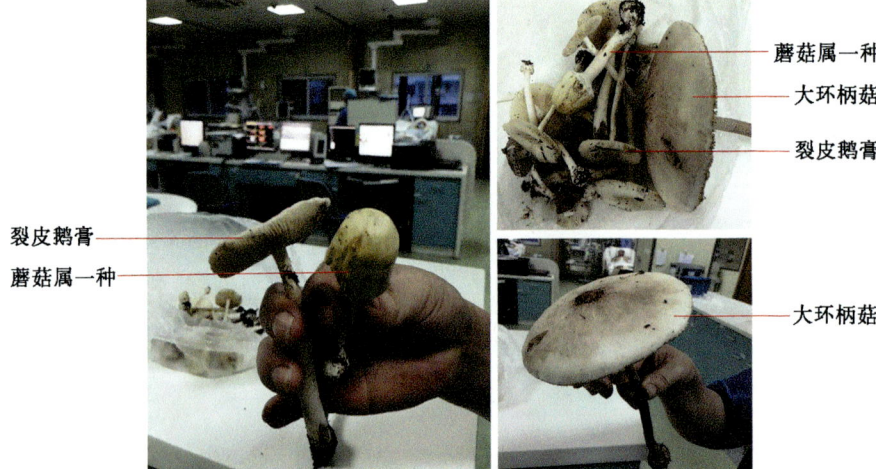

图 4-14　形态相似的淡红鹅膏和其他可食蘑菇

那么，如何从形态上区分毒蘑菇呢？国内外专家普遍认为，毒蘑菇形态鉴定比较可靠的方法是找本国或邻近地区可靠的专业蘑菇图鉴（包括权威的毒蘑菇图鉴或图册）进行对照，并检查样品的所有重要宏观特征、生态特征、显微特征是否一致。形态鉴定中最常用的重要特征包括（但不限于）各宏观部位的大小、形状、颜色和附属物，生境与相关植物，以及孢子、囊状体与皮层细胞等显微特征等。

如果读者试图利用图鉴（或图册）来识别样品，那么作者向大家提供几条建议和忠告。

- 形态对比不但要观察蘑菇的宏观结构的形态，还要借用显微镜观察显微结构的形态。
- 如果样品与图鉴中某种毒蘑菇形态特征相似，它可能就是该毒蘑菇或与其接近的有毒种类，不要食用。
- 如果样品与图鉴中某种可食种类相似，还要细心对比其他种类，看是否还有相似的毒蘑菇种类。
- 如果样品与图鉴中某种毒蘑菇（或食用蘑菇）的宏观形态特征与显微形态特征完全一致，还要留意其分布区域是否一致（一些温带的种类不会生于热带或亚热带，反之亦然），以及生态环境是否一样（一些严格地生的种类不会长在木材上，反之亦然；生长于地上的种类还要留意周围有哪些植物）。

- 如果样品与图鉴中某种可食种类的特征完全一致且没有相似的有毒种类时，还要了解当地群众是否有食用该菌的习惯。如果没有，也不要食用。当地民众世代居住在该地区，他们数百年集体的经验积累也许比以"看图识字"的方式获得的"知识"更为可靠。
- 如果样品在图鉴中找不到特征相同的种类，这可能是另外的种类。每一本书都不可能包括所有已知的种类，而且科学上还没有正式描述、人们还未认识的蘑菇种类还有很多。
- 如果非常希望能确定样品的种类，那么有条件的人士可进行 DNA 序列测试比对，最好还是联系专业的蘑菇分类学家作准确的科学鉴定。

虽然作者无法用简单的几句话来说清楚所有毒蘑菇的形态识别特征，但读者通过本书认识甚至牢记一些重要的剧毒蘑菇种类还是不难的。在这里重点介绍剧毒鹅膏菌的主要特点。

在欧洲和北美，绝大多数的蘑菇中毒死亡是由绿盖鹅膏 *A. phalloides*、春生鹅膏 *A. verna*、鳞柄白鹅膏 *A. virosa*、双孢鹅膏 *A. bisporigera* 和赭鹅膏 *A. ocreata* 所引起。在我国，导致中毒死亡的主要种类也是鹅膏菌属中的种类，主要有：灰花纹鹅膏 *A. fuliginea*、致命鹅膏 *A. exitialis*、淡红鹅膏 *A. pallidorosea*、假淡红鹅膏 *A. subpallidorosea*、裂皮鹅膏 *A. rimosa* 等。因此，只要大家认识了鹅膏菌，能够避免误采、误食鹅膏菌，可以很大程度上降低我国蘑菇中毒事件中的死亡率。近年来，在我国引起中毒死亡的剧毒鹅膏种类主要有：灰花纹鹅膏 *A. fuliginea*、致命鹅膏 *A. exitialis*、淡红鹅膏 *A. pallidorosea*、假淡红鹅膏 *A. subpallidorosea*、裂皮鹅膏 *A. rimosa* 等。因此，只要大家认识了鹅膏菌，能够避免误采误食鹅膏菌，就可以在很大程度上降低我国蘑菇中毒事件中的死亡率。

以上剧毒鹅膏具有一个共同的特征，子实体既具有菌环又具有菌托。这种特征在所有蘑菇种类中是唯一的。值得注意的是，一些既有菌环又有菌托的鹅膏菌属种类是可以食用的。例如，在我国西南地区市场上经常出售的拟橙盖鹅膏 *Amanita caesareoides*、红黄鹅膏 *A. hemibapha*、隐花青鹅膏 *A. manginiana* 等都是一些著名的食用菌。这些可以食用的鹅膏与剧毒鹅膏在形态上具有一定的差异：剧毒鹅膏的菌柄不中空，菌柄纵切面基部有一近球形的膨大，短菌褶在菌柄端渐窄；非剧毒鹅膏菌柄常中空，菌柄基部几乎不膨大，短菌褶在菌柄端平截（杨祝良，2015）。但是，对于这些细微的差别，没有经验的人士可能不容易掌握（图 4-15，图 4-16）。

红黄鹅膏（可食）　　褐顶黄缘鹅膏（可食）　　隐花青鹅膏（可食）

裂皮鹅膏（剧毒!!）　　灰花纹鹅膏（剧毒!!）　　致命鹅膏（剧毒!!）

图 4-15　形态相似的可以食用的鹅膏和剧毒的鹅膏

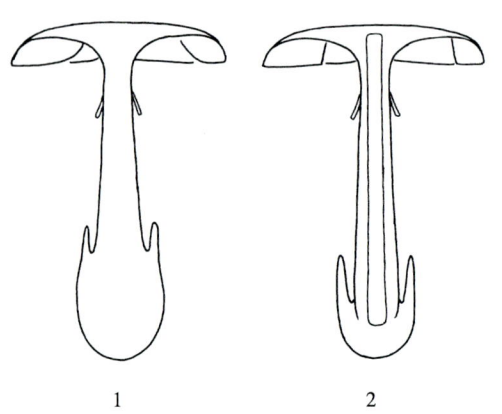

　　1　　　　　　　　2

图 4-16　剧毒鹅膏与非剧毒鹅膏的形态差异示意图（杨祝良，2015）
1. 剧毒鹅膏（短菌褶渐窄、菌柄实心、菌柄基部膨大）；2. 非剧毒鹅膏（短菌褶平截、菌柄空心、菌柄基部不膨大）

尽管在形态上剧毒鹅膏和非剧毒鹅膏是可以区分的，但为了避免误食有毒鹅膏，作者强烈建议不要采食既有菌环又有菌托的蘑菇。通俗地说，不要采食"头上戴帽（指有菌盖）、腰间系裙（指有菌环）、脚上还穿鞋（指有菌托）"的蘑菇。

除了剧毒的鹅膏种类以外，我国常见的剧毒蘑菇种类还有：能引起急性肝损害型中毒的条盖盔孢菌 *Galerina sulciceps*、纹缘盔孢菌 *Galerina marginata*、肉褐鳞环柄菇 *Lepiota brunneo-incarnata* 和褐鳞环柄菇 *Lepiota helveola*；引起横纹肌溶解型的亚稀褶红菇 *Russula subnigricans*，以及引起"猝死"的毒沟褶菌 *Trogia venenata*。对于这些剧毒种类（第五章均有相应的照片与描述），读者需要加倍留意，细心辨认。

我国毒蘑菇的种类有 400 多种，本书第五章介绍了常见的 200 种，它们是引起我国绝大多数毒蘑菇中毒事件的罪魁祸首，读者可对照各物种的照片及描述进行识别。

第四节　毒蘑菇的分子生物学鉴定方法

毒蘑菇的快速准确鉴定对于中毒患者的毒源鉴定、蘑菇中毒预防和中毒后的针对性治疗具有重要意义。过去，毒蘑菇的传统鉴定主要依据外部形态、内部结构和显微特征等形态学鉴定方法。而现在，当毒蘑菇样品是较常见的种类且样品形态保持完好时，找有经验的蘑菇分类学家进行形态学物种鉴定仍然是最为快速的鉴别方法；但当毒蘑菇样品不完整或者是不常见的种类时，则可使用分子生物学方法进行鉴定。在毒蘑菇中毒事件中往往还难以采集到完整标本，需要从剩余物、煮熟的蘑菇、呕吐物或者胃抽取物中提取样本用于鉴定，在这种情况下，DNA 分子标记鉴定技术有时更能发挥作用（Masayama et al., 2012；Epis et al., 2010；Maeta et al., 2008）。

从蘑菇系统分类学发展的角度来看，结合形态分类学和分子生物学方法进行鉴定，可以使鉴定结果更加科学准确。由于蘑菇的形态特征有限，加之形态滞后和形态可塑性，有时仅靠这些特征很难把握其系统亲缘和物种的特征。随着现代分子生物学技术的发展，各种 DNA 分子标记技术已经被应用于真菌分类学和系统进化，并为之带来了新的希望和强大的生命力。DNA 分子标记中的核糖体大亚基（nLSU）、内转录间隔区（ITS）已被广泛应用于毒蘑菇的种类鉴定，包括含毒蘑菇种类较多的科属如鹅膏菌属 *Amanita*、盔孢伞属 *Galerina*、丝盖伞属 *Inocybe*、丝膜菌属 Cortinarius、光盖伞属 Psilocybe 和花褶伞属 Panaeolus 等的系统分类和分子进化研究。随着国际生命条形码计划（iBOL）的启动，高等真菌 DNA 条形码研究也已起步并取得了一定进展，研究者一致认为 ITS 是高等真菌分类鉴定有效的 DNA 条形码（Avin et al., 2012；Schoch et al., 2012；Sheedy et al., 2013；Stefani et al., 2013）。蔡箐等（2012）利用 3 个 DNA 分子标记，即核糖体大亚基（nLSU）、内转录间隔区（ITS）和翻译延长因子 1-α（tef1-α）对我国的 7 种剧毒鹅膏菌进行了分析，结果表明 ITS 可作为鹅膏属的核心条形码，tef1-α 和 nLSU 可作为该属的辅助条形码。本节以 DNA 分子标记 ITS 为例介绍其应用于毒蘑菇鉴定的方法。

一、材料准备

现场采集的蘑菇标本、剩余物、呕吐物或者胃抽取物都可以作为样本用于检测。

蘑菇标本新鲜的和干燥的均可，用于干燥的材料最好在通风良好、设置为 45~60℃温度的烤箱中干燥。也可切取部分新鲜蘑菇材料用滤纸包裹或者直接放入有变色硅胶的小塑料袋中干燥，该法保存的材料提取的 DNA 质量远比恒温烘干保存的材料高（张丽芳和杨祝良，2004）。

二、基因组 DNA 的提取，ITS 的 PCR 扩增和测序

蘑菇样本基因组 DNA 通过改良的 CTAB 法或者真菌 DNA 提取试剂盒进行提取，置于 4℃或 −20℃储存备用。

采用正向引物 ITS5（5′-GGAAGTAAAAGTCGTAACAAGG-3′）和反向引物 ITS4（5′-TCCTCCGCTTATTGATATGC-3′）对所提取的 DNA 样本进行 ITS1-5.8S rDNA-ITS2 区域的扩增。PCR 扩增反应体系 50 μL，包括：模板 DNA 1 μL、10×PCR 扩增缓冲液（50 mmol/L KCl，15 mmol/L $MgCl_2$，100 mmol/L Tris-HCl，pH 9.0）5 μL、Taq DNA 聚合酶 5 U、dNTP（10 mmol/L）2.5 μL、引物（10 μmol/L）各 2.5 μL，补充去离子水至 50 μL。于 94℃预变性 4 min，反应程序为 94℃变性 40 s、52℃退火 40 s、72℃延伸 50 s，共 34 个循环，于 72℃最终延伸 8 min。PCR 产物用 1% 凝胶电泳进行检测，送交测序公司测序。

若 PCR 产物直接测序不成功，可采取克隆测序。将含目的 DNA 片段的琼脂糖胶切下，并用 DNA 纯化回收试剂盒进行回收后，与 PMD18-T 载体（D101A，TaKaRa）连接，将其转化到大肠杆菌感受态细胞中，菌

落 PCR 扩增后用 1% 凝胶电泳进行阳性检测，若得到目的 DNA 片段，即可摇菌，将菌液送交测序公司测序。

三、BLAST 比对鉴定

利用 NCBI（http：//www.ncbi.nlm.nih.gov）中的 GenBank 数据库对得到的蘑菇样本的 ITS 序列进行 BLAST 比对，可根据 BLAST 比对中最接近的种类，以及通过系统发育树分析来对该样品进行鉴定。通常序列相似性大于 99%，鉴别为同种；序列相似性大于 95% 且小于 99%，可能为相同属；但各类群的蘑菇这一标准会有不同的变化。值得指出的是，GenBank 数据库只是一个为大家提供比对方便的数据库，并不能保证所有数据的准确性，因此并非每条序列数据都是正确的。表 4-1 列出我国发现的毒蘑菇新种及常见剧毒蘑菇种类的 ITS 序列 GenBank 登录号，这些都是作者认为准确可靠的，可供鉴定时用于比对和参考。

表 4-1 我国发现的毒蘑菇新种及常见毒蘑菇的 ITS 参考序列

毒蘑菇	GenBank 中 ITS 序列号	序列提交者
致命鹅膏 *Amanita exitialis*	KT003192，KR996716，KR996717， JX998027，JX998026	杨祝良，张平， 陈作红
灰花纹鹅膏 *Amanita fuliginea*	JX998023，KJ466376，KT003190， KR996718，FJ176717，FJ176718	杨祝良，陈作红， 张平
拟灰花纹鹅膏 *Amanita fuligineoides*	JX998024，FJ176721，FJ176720	张平，杨祝良， 陈作红
异味鹅膏 *Amanita kotohiraensis*	FJ176723，FJ176722	张平，杨祝良， 陈作红
拟卵盖鹅膏 *Amanita neoovoidea*	FJ441040	张平
欧氏鹅膏 *Amanita oberwinklerana*	KJ466380，KU311694，KT003191， FJ176725，FJ176727	杨祝良， 陈作红，张平
东方黄盖鹅膏 *Amanita orientigemmata*	AY436465	杨祝良
淡红鹅膏 *Amanita pallidorosea*	KJ466386，KJ466389，KU311697， KU311693，FJ176735，FJ176736	张平，杨祝良， 陈作红
小豹斑鹅膏 *Amanita parvipantherina*	AY436469，AY436467，AY436468	杨祝良
假黄盖鹅膏 *Amanita pseudogemmata*	AY436472	杨祝良

续表

毒蘑菇	GenBank 中 ITS 序列号	序列提交者
假褐云斑鹅膏 Amanita pseudoporphyria	KC429050	杨祝良
裂皮鹅膏 Amanita rimosa	JX998018，KJ466393，KU311696，KU311695，FJ176728	张平，杨祝良，陈作红
红托鹅膏 Amanita rubrovolvata	JN943178	杨祝良
黄鳞鹅膏 Amanita subfrostiana	AY436476，KF651010，JN943172	杨祝良，曹杰
球基鹅膏 Amanita subglobosa	JN943177	杨祝良
黄盖鹅膏原变种 Amanita subjunquillea var. subjunquillea	KJ466423，KJ466427，FJ176731，KR996715，FJ176730，FJ176732	杨祝良，陈作红，张平
假淡红鹅膏 Amanita subpallidorosea	KP691678，KP691679，KP691680，KP691681，KP691682，KP691683	李海蛟
鳞柄白鹅膏 Amanita virosa	JX998030，JX998029，KJ466430，KR862367，JX998030，FJ176737	杨祝良，张平
污胶鼓菌 Bulgaria inquinans	KJ663831	Crous P. W.
粉黄黄肉牛肝菌 Butyriboletus roseoflavus	KJ909519，KJ909518，KJ909517	冯邦，杨祝良
叶状耳盘菌 Cordierites frondosa	AY789355	王征
半被毛丝膜菌 Cortinarius hemitrichus	KM083043，KM083042	田慧
变绿粉褶蕈 Entoloma incanum	JQ281488	李泰辉，何晓兰
方孢粉褶蕈 Entoloma murrayi	KJ658968，KJ658967	何晓兰
近江粉褶蕈 Entoloma omiense	JQ291566	何晓兰，李泰辉
条盖盔孢菌 Galerina sulciceps	KX214585	张平，陈作红
沟条盔孢菌 Galerina vittiformis	JF961372	图力古尔
热带紫褐裸伞 Gymnopilus dilepis	FJ800363	李泰辉，邓旺秋
橘黄裸伞 Gymnopilus spectabilis	JF961371	图力古尔
赭鹿花菌 Gyromitra infula	FJ859347	杨祝良
大孢黏滑菇 Hebeloma sacchariolens	JF961373	田恩静，图力古尔

续表

毒蘑菇	GenBank 中 ITS 序列号	序列提交者
皱柄白马鞍菌 *Helvella crispa*	JX462572，FJ859345，FJ859344	杨祝良
烟色垂暮菇 *Hypholoma capnoides*	JF961368	田恩静，图力古尔
丛生垂暮菇 *Hypholoma fasciculare*	FJ481034，FJ481020，JF961359，FJ687277	田恩静，图力古尔
土味丝盖伞 *Inocybe geophylla*	JF961348	图力古尔
哀牢山炮孔菌 *Laetiporus ailaoshanensis*	KF951289，KF951288，KF951287	崔宝凯
环纹炮孔菌 *Laetiporus zonatus*	KF951283，KF951282，KF951284	崔宝凯
肉褐鳞环柄菇 *Lepiota brunneo-incarnata*	KT002153，FJ481017，EU416302	梁俊峰，杨祝良
栗色环柄菇 *Lepiota castanea*	KP764720，HM125507，EU416282，KP764721	梁俊峰，杨祝良
细环柄菇 *Lepiota clypeolaria*	EU416284，JN944094，JN944093	杨祝良，葛再伟
冠状环柄菇 *Lepiota cristata*	EU081974，EU081973，EU081972，EU081971，EU081970，EU081969	杨祝良，葛再伟
日本类脐菇 *Omphalotus japonicus*	FJ481045，FJ810162，KJ713987，KC333365，KC333364	杨祝良，冯邦
鞭囊类脐菇 *Omphalotus flagelliformis*	KC333363	杨祝良，冯邦
安蒂拉斑褶菇 *Panaeolus antillarum*	KR998382	王彦文
蓝灰斑褶菇 *Panaeolus cyanescens*	KT002152	王超
卷边桩菇 *Paxillus involutus*	JQ283964	徐峰
桤生鳞伞 *Pholiota alnicola*	JF961361	田恩静，图力古尔
黏皮鳞伞 *Pholiota lubrica*	JF961353	田恩静，图力古尔
翘鳞伞 *Pholiota squarrosa*	JF961352，JN230706，JQ283959	田恩静，图力古尔
尖鳞伞 *Pholiota squarrosoides*	JQ283961	刘宇，图力古尔
喜粪裸盖菇 *Psilocybe coprophila*	JF961375	图力古尔
古巴裸盖菇 *Psilocybe cubensis*	KF586478	马涛

续表

毒蘑菇	GenBank 中 ITS 序列号	序列提交者
苏梅岛裸盖菇 Psilocybe samuiensis	KX214586	何正蜜，张平
黄粉末牛肝菌 Pulveroboletus ravenelii	JQ924299	吴刚，杨祝良
宽孢红孔牛肝菌 Rubroboletus latisporus	KJ951990，KJ951989	赵宽，杨祝良
红孔牛肝菌 Rubroboletus sinicus	KJ951991，KJ605666	赵宽，杨祝良
稀褶红菇 Russula nigricans	EF534352，JF273537，EF126733	陈作红，张平
亚稀褶红菇 Russula subnigricans	EF534351，EF126735，EF126734	陈作红，张平
铜绿球盖菇 Stropharia aeruginosa	JF961355	图力古尔
毒沟褶菌 Trogia venenata	JQ031771，JQ031772，JQ031773，JQ031774	杨祝良
新苦粉孢牛肝菌 Tylopilus neofelleus	KM975489，KM975487，KM975486	李泰辉，张明

四、系统发育树的构建

用 Clustal X 1.8 软件对自测序列及从 GenBank 下载的相似蘑菇的 rDNA-ITS 序列进行序列比对（alignment），比对后的序列用系统发育分析软件 MEGA 4.1 的 NJ（neighbor-joining）方法进行计算和系统发育树构建，用 Bootstrap 对系统树进行检验，1000 次重复。通过对进化树的拓扑结构及其稳定性分析将蘑菇样品归到属和种。

第五节 鹅膏肽类毒素检测方法

由于含鹅膏肽类毒素的鹅膏菌属种类是导致蘑菇中毒死亡的最主要因素，因此快速而有效地检测样品（包括毒蘑菇子实体、食物剩余物、呕吐物、中毒患者血液和尿液或者胃抽取物等）中的毒素对于食物中毒的毒源鉴定、蘑菇中毒预防和中毒后的针对性治疗具有重要意义。事实上，科学家研究鹅膏毒素 100 余年来，对于鹅膏肽类毒素的检测方法也随着分析化学、生物和医学等相关领域科学技术的发展而取得了飞速发展，陈作红和胡劲松（2014）对鹅膏肽类毒素检测方法的历史和研究进展进行整理和总结。本节介绍几种有效的鹅膏肽类毒素检测方法。

1. 显色反应

Wieland 等报道了一个简便的检测鹅膏毒肽的显色反应。该方法通过将一片鲜菇的汁液压在一张报纸上，待印迹干后，在印迹处滴上一滴浓 HCl，如鲜菇含有 amatoxin，则 5~10 min 后产生蓝绿色反应。这一显色反应不仅可检测鲜菇，而且可检测干菇中的鹅膏毒肽，其检测限可达 50~100 ng。由于该方法操作简便易行，因此特别适宜于野外采集时对毒菇的初步鉴别（Wieland，1986）。

2. 酶联免疫吸附测定法（ELISA）

瑞士 Bühlmann Laboratories 公司于 2000 年开发生产出鹅膏毒肽 ELISA 试剂盒，Staack 和 Maurer（2000）最先用该方法检测了 100 份尿液中的鹅膏毒肽。Abuknesha 和 Maragkou（2004）报道了用酶联免疫吸附法检测中毒患者体液中的 β-鹅膏毒肽的方法，其检测限约 80 pg/mL。近年来该试剂盒广泛用于鹅膏中毒的临床检验。

3. 荧光检测技术

Vlaskin 等（2006）和 Gulikova 等（2013）分别报道了一种利用荧光光谱快速检测鹅膏毒肽的方法，发现将鹅膏毒肽加入溴化乙锭（EB）中，会有新的荧光波段产生。溴化乙锭最大吸收峰波长在 610 nm，加入 α-鹅膏毒肽和 β-鹅膏毒肽后，会分别在 560 nm 和 525 nm 出现新的波峰，稳定性可保持 15~30 min，其检测极限值达 1 μmol/L。

4. 高效液相色谱（HPLC）法

Enjalbert 等（1992）用反相 HPLC 建立了一种可以同时检测绿盖鹅膏 *Amanita phalloides* 子实体中 8 种鹅膏毒肽和鬼笔毒肽的方法，提取液中每种毒素的检测极限达 10 ng/mL。之后，HPLC 被广泛应用于各种剧毒鹅膏菌子实体不同部位、不同采集地点、不同发育时期及中毒患者体液的肽类毒素检测（Enjalbert et al.，1993；Mcknight et al.，2010；Kaya et al.，2013；Hu et al.，2012；Defendenti et al.，1998；陈作红等，2003）。其最低检测极限值可达 2 ng/mL。HPLC 法具有速度快、灵敏度高、分辨率好、用量少等优点，但是它主要依据被检测成分紫外吸收峰与毒素标样的保留时间来确定毒素的种类，如果样品的吸收峰比较多，就有可能存在不确定性。

5. 液相色谱 - 质谱联用（LC-MS）法

随着液相色谱 - 质谱（LC-MS）联用，尤其是串联质谱（MS/MS）新技术的出现和不断改进，LC-MS/MS 已成为现代分析化学中的重要方法，这些检测技术需要的样品量更少、具有的灵敏度更高。Filigenz 等（2007）采用液相色谱 - 多级线性离子阱质谱联用法，以 MS/MS/MS 模式测定了中毒患者血清和肝中 α- 鹅膏毒肽，其检出限分别为 0.25 ng/g 和 0.5 ng/g。Ahmed 等（2010）采用液相色谱与电喷雾离子化飞行时间质谱（ESI-TOF-MS）检测了毒蘑菇中的 α- 鹅膏毒肽、β- 鹅膏毒肽和二羟鬼笔毒肽；其检测极限值分别为 30 ng/g、30 ng/g 和 10 ng/g，Gonmori 等（2012）利用质辅助激光解析电离飞行时间质谱技术（MALDI-TOF MS）检测了尿液中的以上 3 种毒素，其检测极限值达 5 ng/g。

Nomura 等（2012）和 Leite 等（2013）分别报道了利用超高压液相色谱（UPLC）与串联质谱（MS/MS）检测体液和肝组织中的 α- 鹅膏毒肽和 β- 鹅膏毒肽，其在尿液中的检测极限值分别为 0.22 ng/g 和 0.20 ng/g，在肝组织中的检测极限值分别为 10.9 ng/g 和 9.7 ng/g。在我国，柳洁等（2013）、张秀尧和蔡欣同（2010）也分别采用超高压液相色谱与串联质谱检测了毒蘑菇子实体、血浆和尿液中的鹅膏肽类毒素。

Helfer 等（2014）建立了一种新型的基于涡流色谱（turbulent flow chromatography，TFC）的在线萃取技术，并结合液相色谱 - 串联质谱技术直接检测了人体尿液中的鹅膏毒肽，涡流色谱技术可以在线处理生物样品，速度快、选择性好、灵敏度高、易于实现自动化。

在进行鹅膏肽类毒素检测等实验性的鉴别时，注意要有重复与对比，最好有一些前期的实验经验积累，以避免方法的不熟练或操作的错漏引起误判。

第六节 毒蘑菇民间鉴别方法误区

误区一：颜色鲜艳的蘑菇有毒，颜色普通的蘑菇没毒。

不能仅靠颜色辨别蘑菇是否有毒。因为很多颜色鲜艳的野生蘑菇如牛肝菌属、红菇属、鸡油菌属中的很多种类颜色鲜艳，是美味的食用菌；剧毒蘑菇种类最多的鹅膏菌属中的红黄鹅膏，虽然颜色艳丽，却是美味的食用菌。而大部分剧毒蘑菇，如鹅膏属中的剧毒种类、灰花纹鹅膏、致命鹅膏、裂皮鹅膏、淡红鹅膏，以及红菇属中的亚稀褶红菇，颜色并不鲜艳，都是纯白色或者灰色，但是这些种类是我国误食野生蘑菇导致死亡的主要种类（图4-17）。

红黄鹅膏（可食）　　　鸡油菌（可食）　　　花脸蘑（可食）

裂皮鹅膏（剧毒！！）　　灰花纹鹅膏（剧毒！！）　　亚稀褶红菇（剧毒！！）

图4-17　颜色鲜艳的可食用蘑菇和颜色普通的剧毒蘑菇

误区二：蘑菇跟大蒜、大米、银器、瓷片等一起煮，颜色变黑有毒，没变颜色就无毒。

蘑菇毒素种类繁多，目前已知的剧毒蘑菇的毒素并不与大蒜、大米、银器、瓷片等发生反应。经过实验验证，我国的几种剧毒蘑菇并不会使这些物质变黑。

实例： 2015 年 6 月，湖南宁乡一家 5 口，吃了从同村村民买的野生蘑菇，全部中毒，其中一个小孩死亡。该家主人中午在煮蘑菇时还很小心，担心有毒，放了大量大蒜，并用手机拍了照片（图 4-18），同时中午没让 2 个小孩吃，只 3 个大人吃了，患病主人说大蒜没变黑，才放心吃了。下午大人没事（因为剧毒鹅膏有 6~12 h 的潜伏期，下午不会出现任何症状！！），晚上又继续吃，并且让小孩吃了。结果晚上至次日凌晨全家 5 口均出现不同程度的腹痛、腹泻、呕吐症状，然后全部出现肝损害，并出现严重的中毒死亡事故。

从患者手机拍的照片中可以看到，虽然大部分是可以食用的蘑菇，但里面混杂有剧毒的灰花纹鹅膏菌。去现场作者也采集到了灰花纹鹅膏菌。

图 4-18　煮食前的混杂蘑菇

误区三：生虫、生蛆的蘑菇没毒。

很多昆虫、动物对毒素的吸收与作用与人是不一样的。剧毒的鹅膏菌成熟烂掉后很容易生虫，生蛆。甚至剧毒的鹅膏菌经口服喂养小白鼠，小鼠都不会死。

误区四：受伤变色或者有分泌物的蘑菇有毒。

受伤变色或者有乳汁流出是很多科属如牛肝菌科、红菇科等类群一些种类的特征，实际上，牛肝菌科和红菇科很多具有这些特征的种类是可以食用的，因此，不能仅凭受伤变色或者有分泌物来判断蘑菇是否有毒。

误区五：长在潮湿处或家畜粪便上的蘑菇有毒，长在松树下等清洁地方的蘑菇无毒。

蘑菇的有毒无毒主要要看该种类是否有毒，通常与生长环境没有太大关系，这是因为毒蘑菇与其他蘑菇经常可以生长在同一环境中。例如，生长于松树林或者阔叶混交林中的蘑菇大多属于共生菌，牛肝菌、红菇、乳菇、口蘑等大部分是可以食用的，但是，很多毒蘑菇也是共生菌，如鹅膏菌、亚稀褶红菇等也都是生长在松树林或者混交林中。

第五章

中国毒蘑菇物种

第一节　急性肝损害型毒蘑菇

引起急性肝损害型的毒蘑菇主要是由含有鹅膏肽类毒素的一些种类所引起的，包括鹅膏菌属 *Amanita*、盔孢伞属 *Galerina*、环柄菇属 *Lepiota* 的一些种类，在我国，近80%的中毒死亡是由该类毒蘑菇所引起的。其中绝大多数为鹅膏菌属的剧毒种类所导致，误食后潜伏期长，具有假愈期，急性肝损害，并导致多器官衰竭，病死率高。

急性肝损害型

1 致命鹅膏 *Amanita exitialis* Zhu L. Yang & T. H. Li

【形态特征】 菌盖中等大小,直径 4~12 cm,白色,边缘平滑无沟纹。菌褶离生,白色,稠密;短菌褶近菌柄端渐窄。菌柄白色,光滑或被白色纤毛状鳞片,内部实心至松软,基部近球形。菌环顶生至近顶生,白色,膜质。菌托浅杯状,白色。担子具 2 小梗。担孢子 9.5~12 × 9~11.5 μm。

【生境】 生于亚热带阔叶林中地上。在广东省 3~5 月出菇,在云南省 8~10 月出菇。

【分布】 中国华南和西南地区。

【毒性】 剧毒。2000~2014 年已在广东省发生了至少 22 起因误食致命鹅膏中毒事件,导致 89 余人中毒,其中 45 人死亡。

致命鹅膏子实体中的鹅膏肽类毒素高达 8 mg/g 干重以上,其中最主要致死毒素鹅膏毒肽(α-amanitin 和 β-amanitin)达 5 mg/g 干重以上。鹅膏毒肽对人的致死剂量为 0.1 mg/kg 体重,一个中等大小的子实体足以毒死一个成年人。

急性肝损害型

致命鹅膏子实体不同发育阶段

生长在共生植物黧蒴林下

2　灰花纹鹅膏 *Amanita fuliginea* Hongo

【形态特征】　菌盖中等大小，直径 5~9 cm，深灰色、暗褐色至近黑色，具深色纤丝状隐花纹或斑纹，边缘平滑无沟纹。菌褶离生，白色，较密；短菌褶近菌柄端渐变狭。菌柄长 5~15 cm，白色至浅灰色，常被浅褐色鳞片，基部近球形。菌环顶生至近顶生，灰色，膜质。菌托浅杯状，白色。担孢子 8~10 × 7~9.5 μm。

【生境】　夏秋季生于亚热带阔叶林或针阔混交林中地上。

【分布】　中国华东、华中、华南和西南地区。

【毒性】　剧毒，是我国南方地区主要的导致死亡的种类。1994~2012 年在我国湖南、江西等地发生 33 起因误食此菌中毒事件，导致 350 多人中毒，其中 79 人死亡。

急性肝损害型

灰花纹鹅膏不同发育时期图

急性肝损害型

3 拟灰花纹鹅膏 *Amanita fuligineoides* P. Zhang & Zhu L. Yang

【形态特征】 菌盖中等至大型，直径 7~14 cm，灰褐色、暗灰褐色至近黑色，中部色较深，具深色纤丝状隐生花纹或斑纹，边缘无沟纹。菌褶白色；短菌褶近菌柄端渐变窄。菌柄白色至淡灰色，常被灰褐色细小鳞片，基部萝卜状至近棒状。菌环顶生至近顶生，膜质，白色至淡灰色。菌托浅杯状，白色。担孢子 7.5~9.5 × 7~8.5 μm。

【生境】 夏季生于亚热带阔叶林中地上。

【分布】 中国华中和西南地区。

【毒性】 剧毒，严禁食用。

急性肝损害型

4 灰盖粉褶鹅膏 *Amanita griseorosea* Qing Cai et al.

【形态特征】 菌盖小型，直径 3~6 cm，灰色至灰褐色，具深色纤丝状隐生花纹或斑纹，边缘无沟纹，但有时有辐射状裂纹。菌褶常带粉红色色调；短菌褶近菌柄端渐变窄。菌柄白色至污白色，常被同色细小鳞片，基部近球形。菌环上位至中位，膜质，白色。菌托浅杯状，白色至污白色。担子具 2 小梗。担孢子 $8.5\sim10.5\times8\sim10\ \mu m$。

【生境】 夏季生于热带和南亚热带阔叶林中地上。

【分布】 中国华南地区。

【毒性】 剧毒，严禁食用。

5 淡红鹅膏 *Amanita pallidorosea* P. Zhang & Zhu L. Yang

【**形态特征**】 菌盖中等大小，白色，有时中央淡粉红色，边缘无沟纹，但有时有辐射状裂纹。菌褶白色；短菌褶近菌柄端渐变窄。菌柄白色、污白色至淡黄褐色，基部近球状。菌环近顶生至上位，膜质，白色。菌托浅杯状，白色。担子体遇 5% KOH 快速变黄色。担孢子 6~8 × 6~7.5 μm。

【**生境**】 夏秋季生于各种针阔混交林中地上，有时生于阔叶林中地上。

【**分布**】 中国东北、华北、华中、西南和西北地区。

【**毒性**】 剧毒，严禁食用。2011年8月，山东泰安发生一起7人误食淡红鹅膏中毒事件，其中3人死亡。

6　裂皮鹅膏（小白毒鹅膏）*Amanita rimosa* P. Zhang & Zhu L. Yang

【形态特征】 菌盖小型，直径 3~5 cm，白色，有时中部米色至淡黄褐色，边缘无沟纹，但有时有辐射状裂纹。菌褶白色；短菌褶近菌柄端渐变窄。菌柄白色至污白色，有时被白色细小鳞片，基部近球形。菌环近顶生，膜质，白色。菌托浅杯状，白色。担子体遇 5% KOH 快速变黄色。担孢子 7~8.5 × 6.5~8 μm。

【生境】 夏秋季生于南亚热带及中亚热带的阔叶林中地上。

【分布】 中国华东、华中和华南地区。

【毒性】 剧毒，严禁食用。2014~2016 年已经相继在湖南、江苏、浙江和广东发生 5 起误食中毒事件。其中 2015 年 6 月江苏省无锡市发生一家 7 人中毒、4 人死亡的悲剧。2016 年 6 月，广东省东莞市发生一起 5 人中毒事件，最后抢救无效全部死亡。

急性肝损害型

7 黄盖鹅膏原变种 *Amanita subjunquillea* S. Imai var. *subjunquillea*

【形态特征】 菌盖小型，直径 3~6 cm，黄褐色、污橙黄色至芥黄色，边缘无沟纹。菌褶白色；短菌褶近菌柄端渐窄。菌柄白色至淡黄色，常被纤毛状或反卷的淡黄色鳞片，基部近球形。菌环近顶生至上位，白色。菌托浅杯状，白色至污白色。担孢子 6.5~9.5 × 6~8 μm。

【生境】 夏秋季生于各种阔叶林、针阔混交林或针叶林中地上。

【分布】 中国大部分地区。

【毒性】 剧毒，严禁食用。

急性肝损害型

8 黄盖鹅膏白色变种 *Amanita subjunquillea* var. *alba* Zhu L. Yang

【形态特征】 本变种与原变种之间的区别主要在于：本变种的菌盖白色（有时中央米黄色至很淡的淡黄色）。担子体各部位遇5% KOH立即变为黄色。

【生境】 夏秋季生于各种阔叶林、针阔混交林或针叶林中地上。

【分布】 中国大部分地区。

【毒性】 剧毒，严禁食用。

急性肝损害型

9 假淡红鹅膏 *Amanita subpallidorosea* Hai J. Li

【形态特征】 菌盖小型至中等，直径 3~6.5（8）cm，白色，中央呈粉红色至肉红色，边缘无沟纹。菌褶白色；短菌褶近菌柄端渐变窄。菌柄白色至污白色，被白色鳞片，基部近球状。菌环近顶生，白色，膜质。菌托浅杯状，白色。担孢子 8~10 × 7.5~9 μm。

【生境】 夏秋季生于亚热带阔叶林或针阔混交林中地上。

【分布】 中国华东、华中和西南地区。

【毒性】 剧毒，严禁食用。2014 年 9 月在贵州遵义发生一起 2 人食用 2 人死亡的中毒事件。

急性肝损害型

10 鳞柄白鹅膏 *Amanita virosa*（Fr.）Bertill.

【**形态特征**】 菌盖中等大小，直径 5~10 cm，白色，中央常有钝凸并呈米色，边缘无沟纹。菌褶白色至米色；短菌褶近菌柄端渐窄。菌柄白色，被白色反卷鳞片，基部近球形。菌环上位，白色，膜质。菌托浅杯状，白色。担子体各部位遇 5% KOH 立即变为黄色。担孢子 9~11 × 8.5~10.5 μm。

【**生境**】 夏秋季生于温带针阔混交林中地上。

【**分布**】 中国东北、华北和华中地区。

【**毒性**】 剧毒，严禁食用。

急性肝损害型

11 丛生盔孢菌 *Galerina fasciculata* Hongo

【形态特征】 菌盖直径 2~5 cm，初期半球形后展开，表面暗肉桂色，干后由中部向边缘呈淡黄色。菌褶直生至稍延生，肉桂色。菌柄长 6~9 cm，中空，纤维状，顶部粉状，基部具有白色菌丝体。菌环位于菌柄中下部，污褐色，膜质。担孢子 6~8.8×4~5 μm，椭圆形至卵圆形，红褐色至褐色，表面具小疣。

【生境】 夏秋季单生于林中地上。

【分布】 中国西南地区。

【毒性】 据报道该种是剧毒菌，日本曾发生 5 次中毒事件，无人死亡，中毒症状均属于肝损伤型。

急性肝损害型

12 细条盔孢菌 *Galerina filiformis* A. H. Sm. & Singer

【形态特征】 菌盖直径 0.2~0.8 cm，钟形或圆锥形，中部稍平，肉桂色、淡黄色至赭黄色，初时边缘向内卷，盖面水浸状。菌肉薄，白色。菌褶密，黄褐色至赭黄色，延生，不等长。菌柄长 5.0~6.5 cm，赭黄色，基部根状。担孢子 7.5~10 × 6~7.5 μm，卵圆形至杏仁形，赭黄色至褐色，表面有小疣。

【生境】 夏秋季散生于白桦林的苔藓层上。

【分布】 中国东北、西南地区。

【毒性】 剧毒，严禁食用。

急性肝损害型

13 黄褐盔孢菌 *Galerina helvoliceps*（Berk. & M. A. Curtis）Singer

【形态特征】 菌盖直径 1~4 cm，半球形至平展，有时中部有乳状突起；表面光滑，米黄色至赭黄色。菌肉薄，白色。菌褶直生、延生或弯生，稍疏，污黄色、赭黄色或黄褐色。菌柄长 1.5~7 cm，中空，上部颜色稍浅，下部深褐色。菌环位于菌柄上部，膜质。担孢子 8~11 × 5~6.5 μm，椭圆形至杏仁形，黄褐色，表面多小疣。

【生境】 夏秋季群生或散生于混交林腐木上、倒木上，常见。

【分布】 中国东北地区。

【毒性】 剧毒，严禁食用。

急性肝损害型

14　异囊盔孢菌 *Galerina heterocystis*（G. F. Atk.）A. H. Sm. & Singer

【**形态特征**】　菌盖直径 0.3~1.5 cm，中央有乳头状突起，淡黄色、土黄色至黄褐色，光滑，水浸状。菌肉薄，黄白色。菌褶近直生，初淡黄色，干后黄色至黄褐色。菌柄长 1.2~1.8 cm，上部黄褐色，下部黄色。担孢子 7.7~9.6×4.8~6.0 μm，近椭圆形，黄褐色，表面密被麻点。

【**生境**】　夏秋季单生或散生于混交林腐木上、苔藓上或地上。

【**分布**】　中国东北、华东地区。

【**毒性**】　剧毒，严禁食用。

急性肝损害型

15 苔藓盔孢菌 *Galerina hypnorum*（Schrank）Kühner

【形态特征】 菌盖直径 0.2~0.5 cm，钟形或凸镜形，污黄色至淡赭色，表面水浸状。菌肉薄，黄白色。菌褶较疏，直生，黄色至赭色。菌柄长 1.5~2 cm，淡黄色，干后颜色变深为黄褐色，上部具白色粉末。担孢子 9~12 × 5~7 μm，椭圆形至卵圆形，黄褐色，表面有褶皱。

【生境】 夏秋季单生或散生于苔藓层上。

【分布】 中国东北、西南地区。

【毒性】 剧毒，严禁食用。

急性肝损害型

16 纹缘盔孢菌（秋生盔孢菌）*Galerina marginata*（Batsch）Kühner

【形态特征】 菌盖直径 1.5~4.5 cm，半球形、钟形至平展，中部有乳头状突起，黄褐色至褐色，边缘具透明状条纹，水浸状。菌肉薄，褐色。菌褶直生或稍延生，稍密，铁锈色。菌柄长 5.5~8 cm，中空，锈褐色。上部有易脱落的菌环。担孢子 7.8~9.67×5~5.8 μm，椭圆形，表面有疣突，棕褐色至深褐色。

【生境】 夏秋季群生于腐烂的倒木上。

【分布】 中国东北、西南地区。

【毒性】 剧毒，严禁食用。

急性肝损害型

17 俄勒冈盔孢菌 *Galerina oregonensis* A. H. Sm.

【形态特征】 菌盖直径 0.6~1.5 cm，半球形、钟形至稍平展，中央有突起，赭黄色至棕褐色，表面光滑，边缘有条纹，水浸状。菌褶弯生或稍延生，初黄褐色、褐色，后深锈色。菌肉薄，黄白色。菌柄长 3.5~5 cm，初淡蜜色，后深棕色，空心。担孢子 7.7~10.6 × 4.8~5.8 μm，长椭圆形至卵圆形，淡黄色至黄色，表面有疣突。

【生境】 夏季生于阔叶树腐木上。

【分布】 中国东北地区。

【毒性】 有毒，严禁食用。

急性肝损害型

18　条盖盔孢菌 *Galerina sulciceps*（Berk.）Boedijn

【形态特征】　菌盖很小至小型，直径 1~3 cm，黄褐色，中央稍下陷且具小乳突，边缘波状，具有明显可达菌盖中央的辐射状沟条。菌褶弯生，淡褐色，稀。菌柄顶部黄色，向下颜色逐渐变深，基部黑褐色。菌环缺如。担孢子 7.5~10 × 4.5~5 μm，锈褐色，杏仁形至椭圆形，具小疣和盔外膜。

【生境】　夏秋季生于热带至南亚热带林中腐殖质上或腐木上。

【分布】　中国华中、西南地区。

【毒性】　剧毒，严禁食用。近年来在我国各地频繁发生中毒事件，2014 年 11 月在湖北蕲春发生一起 2 名小孩误食导致 1 人死亡的中毒事件。

急性肝损害型

19　沟条盔孢菌 *Galerina vittiformis*（Fr.）Earle

【形态特征】　菌盖直径 0.8~1.5 cm，圆锥形、钟形或平展，有时中部具有脐状尖突起，表面黄褐色，光滑，盖面由中心处向四周具有放射性条纹，干时条纹不明显。菌肉薄。菌褶直生，稀，褶缘全缘，黄褐色。菌柄长 2.5~3 cm，直径 0.1~0.2 cm，圆柱形，红褐色，上部表面被微小的同盖色的纤毛，下部暗红褐色，中空。担孢子 $9{\sim}12 \times 5.5{\sim}7$ μm，长椭圆形，表面具有细疣，脐上区光滑，无萌发孔，表面具麻点，锈褐色，非淀粉质。

【生境】　夏季散生于苔藓覆盖的腐木上。

【分布】　中国东北和西北地区。

【毒性】　有毒。

20 肉褐鳞环柄菇 *Lepiota brunneo-incarnata* Chodat & C. Martín

【形态特征】 菌盖很小至中等，直径 2.6~6 cm，白色或污白色，被近同心环状排列的褐色鳞片，中央具较低且钝的褐色、暗褐色至肝褐色凸起。菌褶离生，白色至乳白色。菌柄近圆柱形，基部明显膨大；无明显菌环，只具有一个像菌环似的膜质区，环区以上菌柄被白色纤毛，以下部分被褐色鳞片，呈不完整环状排列。担孢子 6.5~9 × 4~5 μm，侧面观椭圆形。

【生境】 夏秋季生于落叶林中地上。

【分布】 中国东北、华北和西北地区。

【毒性】 剧毒。2001 年 8 月在河北省沧州市发生 5 人误食中毒事件，其中 3 人死亡。

急性肝损害型

21 栗色环柄菇(褐绒环柄菇)*Lepiota castanea* Quél.

【形态特征】 菌盖很小,直径 0.7~2.5 cm,白色、米色至浅黄色,被亮橙色、橙褐色、黄褐色或红褐色的细小鳞片,中央具较钝的橙褐色凸起。菌褶离生,白色至米色,触摸后有时变为不明显的橙黄色。菌柄浅黄色至黄褐色,被黄褐色至红褐色细鳞。菌环不明显或较早消失。担孢子 8~12.5 × 3.5~5 μm,侧面观麦角形或近三角形。

【生境】 夏秋季生于针叶林中小路边或杂草丛中。

【分布】 中国东北和西南地区。

【毒性】 有毒。

急性肝损害型

22 褐鳞环柄菇 *Lepiota helveola* Bres.

【形态特征】 菌盖很小至小型，直径 2~4 cm，污白色至米色，密被同心环状排列的肉红色、粉褐色至褐色的鳞片，有时中央有一近光滑的区域。菌褶离生，乳白色。菌柄污白色，菌环之上近光滑，菌环之下被有环带状至蛇皮花纹状的肉红色至粉褐色小鳞片。菌环膜质，窄小，近白色，边缘常有褐色鳞片。担孢子 $6.5~9.5 \times 5.5~6.5$ μm，侧面观椭圆形。

【生境】 夏秋季生于草地上。

【分布】 中国西北地区。

【毒性】 剧毒，严禁食用。

急性肝损害型

23 近肉红环柄菇 *Lepiota subincarnata* J. E. Lange

【形态特征】 菌盖很小至小型,直径 3~4 cm,被酒红色、粉红色、红褐色、肉红色至粉褐色的鳞片,中部颜色较深。菌褶离生,白色至乳色。菌柄近圆柱状,上部乳白色至近粉色,下部乳白色,被环状至不完整带状的鳞片。菌环中位,易消失。担孢子 7~8.5 × 4~5 μm,侧面观长椭圆形或近圆柱形。

【生境】 夏秋季生于针叶林或针阔混交林地上。

【分布】 中国东北地区。

【毒性】 剧毒,严禁食用。

第二节 急性肾衰竭型毒蘑菇

引起急性肾衰竭型的毒蘑菇有两类,含奥来毒素的丝膜菌属 Cortinarius 的一些种类和含有 2-氨基-4,5-己二烯酸的鹅膏菌属 Amanita 的一些种类。在我国主要由鹅膏菌属中的种类所引起,中毒特征表现为误食后具有 8~12 h 的潜伏期,肝功能中度受损,主要表现为急性肾功能损害。

24 赤脚鹅膏 *Amanita gymnopus* Corner & Bas

【形态特征】 菌盖中等至较大,直径5.5~11 cm,白色、米色至淡褐色,被淡黄色、淡褐色至褐色的破布状至碎屑状鳞片,边缘常有絮状物但无沟纹。菌肉白色,受伤后缓慢变为淡褐色至褐色,有硫磺气味或稍辣。菌褶离生,米色、淡黄色至黄褐色;短菌褶近菌柄端渐窄。菌柄污白色至淡褐色,基部宽棒状至近球形,近光滑。菌环顶生至近顶生,膜质,白色至米色,有时在菌环下方还有一小菌环。担孢子 $6\sim8.5\times5.5\sim7.5\ \mu m$。

【生境】 夏秋季生于南亚热带及中亚热带的阔叶林或针阔混交林中地上。

【分布】 中国华东、华中、华南和西南地区。

【毒性】 有毒。2003年在湖南省资兴市发生1起4人中毒事件。

急性肾衰竭型

25 异味鹅膏 *Amanita kotohiraensis* Nagas. & Mitani

【形态特征】 菌盖中等大小，直径 4~7 cm，白色至米色，被白色的毡状至碎片状鳞片，边缘常悬垂有絮状物但无沟纹。菌肉常有刺鼻气味。菌褶淡黄色；短菌褶近菌柄端渐窄。菌柄白色，基部近球形，被有白色疣状、颗粒状至近锥状鳞片。菌环上位至近顶生，白色。担孢子 7.5~9.5 × 5~6.5 μm。

【生境】 夏秋季生于亚热带常绿阔叶林或针阔混交林中地上。

【分布】 中国华东、华中、华南和西南地区。

【毒性】 有毒。2003 年 6 月 17~20 日在四川省德阳市发生一起 81 人中毒事件，无人死亡。

26 拟卵盖鹅膏 *Amanita neoovoidea* Hongo

【形态特征】 菌盖中等至大型,直径 7~18 cm,白色至米黄色,被鳞片(外层膜状,淡黄色至赭色;内层粉末状,白色),边缘常有白色至米黄色絮状物但无沟纹。菌褶白色至米黄色;短菌褶近菌柄端渐窄。菌柄被白色絮状至粉末状鳞片,基部腹鼓状至白萝卜状,被淡黄色至赭色的破布状、环带状或卷边状鳞片。菌环上位,膜质,白色,易破碎消失。担孢子 7~9.5 × 5~6.5 μm。

【生境】 夏秋季生于亚热带针叶林或针阔混交林中地上。

【分布】 中国华东、华中、华南和西南地区。

【毒性】 有毒。2000 年在湖南新邵、安化、邵东等地发生 3 起 8 人中毒事件。

27 欧氏鹅膏 *Amanita oberwinklerana* Zhu L. Yang & Yoshim. Doi

【形态特征】 菌盖中等大小，直径 3~6 cm，白色至米色，光滑或有时被有 1~3 片白色、膜质鳞片，边缘无沟纹。菌褶白色，老时米色至淡黄色；短菌褶近菌柄端渐窄。菌柄白色，常被白色反卷纤毛状或绒毛状鳞片，基部腹鼓状至白萝卜状。菌环上位，白色。菌托浅杯状，白色。担子体遇 5% KOH 不变为黄色。担孢子 8~10.5 × 6~8 μm。

【生境】 夏秋季生于南亚热带及中亚热带的阔叶林、针叶林或针阔混交林中地上。

【分布】 中国华东、华南和西南地区。

【毒性】 有毒。2015 年 9 月在贵州省遵义市思南县发生 1 起 2 人中毒事件。

28　假褐云斑鹅膏 *Amanita pseudoporphyria* Hongo

【形态特征】　菌盖中等至大型，直径 5~15 cm，淡灰色、灰色至灰褐色，具深色纤丝状隐生花纹或斑纹，边缘常悬垂有白色菌环残余，但无沟纹。菌褶白色；短菌褶近菌柄端渐窄。菌柄白色，常被白色纤毛状至粉末状鳞片，基部棒状、腹鼓状至梭形。菌环顶生至近顶生，白色，宿存或破碎消失。菌托浅杯状，白色至污白色。担孢子 7~9 × 5~6.5 μm。

【生境】　夏秋季生于各种针叶林或针阔混交林中地上。

【分布】　中国华东、华中、华南、西南和西北地区。

【毒性】　有毒。

急性肾衰竭型

29 黄棕丝膜菌 *Cortinarius cinnamomeus*（L.）Fr.

【**形态特征**】 菌盖宽 3~5 cm，初时钟形至半球形，后期平展，盖面为黄褐色，表面覆褐色绒毛状鳞片，有光泽。菌肉污白色至浅黄色。菌褶弯生至直生，较密，初时浅肉桂色，后变为锈褐色。菌柄长 4~7 cm，基部稍有膨大，黄褐色至橘黄色，下部有少许褐色鳞片。担孢子 6~7.5×4~5 μm，黄褐色，椭圆形，表面粗糙具疣突。

【**生境**】 夏秋季生于针阔混交林中地上，散生。

【**分布**】 中国东北、西南地区。

【**毒性**】 有毒。

30 半被毛丝膜菌 *Cortinarius hemitrichus* (Pers.) Fr.

【形态特征】 菌盖直径 1~3 cm，平展呈斗笠状，顶端稍凸起，边缘内卷，盖面干燥，淡褐色至深红褐色，菌盖边缘有丝膜菌幕残片。菌肉较薄，淡褐色。菌褶直生至延生，锈褐色。菌柄长 4~8 cm，上部初时淡紫色至紫褐色，下部为黄白色至土黄色，基部稍膨大成根状。担孢子 8.8~10 × 5~6 μm，锈褐色，椭圆形至长椭圆形，表面粗糙有疣。

【生境】 夏秋季生于针阔混交林中地上，群生。

【分布】 中国东北、西南、西北地区。

【毒性】 有毒。

31 黑鳞丝膜菌 *Cortinarius nigrosquamosus* Hongo

【形态特征】 子实体中型，菌盖直径 4~8 cm，幼时半球形或近圆锥形，老时平展，表面密布黑褐色鳞片，从盖缘至盖中央逐渐增多。菌肉淡土黄色。菌褶初为肉色，渐变为锈褐色，弯生，稍密，不等长。菌柄长 4~8 cm，直径 0.8~1.5 cm，与菌盖同色，表面有鳞片及丝膜，近圆柱形，基部不膨大或稍膨大。担孢子褐色，宽椭圆形至近球形，表面有小疣，大小为 $6~8 \times 5~7$ μm。

【生境】 夏秋季生于林中地上，群生。

【分布】 中国华中、华南地区。

【毒性】 建议不要食用。

32 拟荷叶丝膜菌 *Cortinarius pseudosalor* J. E. Lange

【形态特征】 子实体中等大，菌盖直径 3~6 cm，近圆锥形至平展，紫褐色至赭褐色，表面有绒毛，湿时黏。菌肉污白色。菌褶粉紫色至紫褐色，弯生，中等密，不等长。菌柄长 4~8 cm，直径 0.8~1.2 cm，白色带淡紫色调，表面有丝膜，近圆柱形，基部变细。担孢子褐色，椭圆形，表面有小疣，大小为 9.0~11.0 × 5.0~7.0 μm。

【生境】 秋季生于林中地上，散生。

【分布】 中国华中、华南地区。

【毒性】 建议不要食用。

急性肾衰竭型

33　血红丝膜菌 *Cortinarius sanguineus*（Wulfen）Fr.

【形态特征】　菌盖直径 2~6 cm，初时扁半球形，中部稍突起，后平展，中部微下凹，血红色至紫褐色。菌肉淡血红色，薄。菌褶直生，暗血红色至锈褐色。菌柄长 4~9 cm，上下等粗，血红色，伤后颜色变暗，纤维质，中空。担孢子 6.5~9 × 4~6 μm，长椭圆形，表面粗糙具疣突。

【生境】　夏秋季生于针叶林或针阔混交林中地上。

【分布】　中国西南、东北地区。

【毒性】　有毒。

34 退紫丝膜菌 *Cortinarius traganus*（Fr.）Fr.

【形态特征】 子实体中到大型，菌盖直径 5~12 cm，半球形至平展，浅堇紫色，表面有绒毛，绒毛上还附有少量褐色丝膜。菌肉浅黄褐色。菌褶锈褐色，直生，稍密，不等长。菌柄长 6~10 cm，直径 1.0~2.0 cm，与菌盖同色，表面有绒毛及丝膜，近圆柱形，基部不膨大或稍膨大。担孢子褐色，椭圆形，表面有小疣，大小为 6.5~9.0×5.5~$7.5\ \mu m$。

【生境】 夏秋季生于林中地上，群生。

【分布】 中国西南、华中、华南地区。

【毒性】 建议不要食用。

35 环带丝膜菌 *Cortinarius trivialis* J. E. Lange

【形态特征】 菌盖直径 4~10 cm，扁平至近平展，边缘波浪状，中部稍凸起，土褐色至近褐色，表面平滑或稍有褐色绒毛，黏，初期边缘内卷。菌肉污白色至淡土褐色，无明显气味。菌褶直生至近弯生，浅黄褐色至锈褐色。菌柄长 7~15 cm，中部以下有明显的鳞片，且裂成许多环带，污白色，实心至松软。担孢子 8.5~12 × 5.5~8 μm，锈黄色至黄褐色，表面粗糙具疣。

【生境】 夏秋季在阔叶林或针阔混交林中地上群生或散生。

【分布】 中国东北、西南地区。

【毒性】 有毒，建议不要食用。

第三节　神经精神型毒蘑菇

　　引起神经精神型中毒的毒蘑菇种类较多,可以产生4种类型的神经中毒:①含毒蕈碱 muscarine 种类产生外周胆碱能神经毒性;②含异噁唑衍生物 isoxazole derivatives 种类产生谷氨酰胺能神经毒性;③含鹿花菌素 gyromitrin 的种类产生癫痫性神经毒性;④含裸盖菇素 psilocybin 的种类产生致幻觉性神经毒性。

36 假球基鹅膏 *Amanita ibotengutake* T. Oda et al.

【形态特征】 菌盖中等大小，直径 7~9 cm，皮革褐色至黄褐色，中部色较深，被白色至淡灰色的角锥状、疣状至毡状鳞片，边缘有短沟纹。菌褶离生至近离生，白色至米色；短菌褶近菌柄端平截。菌柄米色至白色，基部卵状至近球状，被有白色、有时淡灰色至淡褐色的颗粒状至粉末状鳞片，常呈不完整的领口状。菌环中上位，膜质，白色至污白色，易撕裂。担孢子 $8{\sim}10 \times 6{\sim}7.5~\mu m$。

【生境】 夏秋季生于温带针叶林或针阔混交林中地上。

【分布】 中国东北地区。

【毒性】 有毒。

神经精神型

37　小毒蝇鹅膏 *Amanita melleiceps* Hongo

【形态特征】 菌盖小型，直径 2~5 cm，黄色至蜜黄色，中部色稍深，成熟后边缘近白色，被淡黄色至污白色的破布状、毡状至细疣状鳞片，边缘有沟纹。菌褶离生，白色；短菌褶近菌柄端平截。菌柄米色至白色，基部球状至卵状，被有白色至淡黄色的粉末状至疣状鳞片。菌环缺如。担孢子 8.5~10.5 × 6~7.5 μm。

【生境】 春夏季生于南亚热带及中亚热带的针叶林或针阔混交林中地上。

【分布】 中国华东、华中和华南地区。

【毒性】 有毒。对苍蝇的毒杀力较强。

神经精神型

38 美黄鹅膏 *Amanita mira* Corner & Bas

【形态特征】 菌盖小型至中等，直径 4~8 cm，淡褐色至淡黄色，向边缘渐变为橘红色、黄色至淡黄色，被米色、淡黄色至黄色的角锥状至颗粒状鳞片，边缘有长沟纹。菌褶离生至近离生，白色；短菌褶近菌柄端平截。菌柄米色至白色，基部腹鼓状至卵状，被有黄色至淡黄色的疣状、絮状至粉末状鳞片。菌环缺如。担孢子 6~8 × 6~7.5 μm。

【生境】 夏秋季生于热带及南亚热带常绿阔叶林中地上。

【分布】 中国西南地区。

【毒性】 有毒。

神经精神型

39 鹅膏(毒蝇鹅膏、蛤蟆菌)*Amanita muscaria*(L：Fr.)Lam.

【形态特征】 菌盖中等至大型,直径 5~15 cm,鲜红色至橘红色,有时带黄色,被白色至污白色的锥状、角锥状、疣状、颗粒状至毡状鳞片,边缘有短浅而不明显的沟纹。菌褶离生,白色;短菌褶近菌柄端平截。菌柄白色,被白色纤丝状鳞片,基部卵状至近球形,被白色疣状至颗粒状鳞片。菌环中上位,白色,膜质。担孢子 9~11.5×7~8.5 μm。

【生境】 夏秋季生于温带的阔叶林、针阔混交林或针叶林中地上。

【分布】 中国东北和西北地区。

【毒性】 有毒。

神经精神型

40 东方黄盖鹅膏 *Amanita orientigemmata* Zhu L. Yang & Yoshim. Doi

【形态特征】 菌盖中等，直径4~10 cm，黄色至淡黄色，中部色稍深，被白色至污白色的毡状、破布状至碎片状鳞片，边缘有短沟纹。菌褶离生至近离生，白色至米色；短菌褶近菌柄端平截。菌柄米色至白色，基部近球状，被有白色至淡黄色的破布状、碎片状至疣状鳞片。菌环白色，膜质，易脱落。担孢子 8~10 × 6~7.5 μm。

【生境】 夏秋季生于各种针叶林、针阔混交林或阔叶林中地上。

【分布】 中国东北、华东、华南和西北地区。

【毒性】 有毒。

神经精神型

41 小豹斑鹅膏 *Amanita parvipantherina* Zhu. L. Yang et al.

【形态特征】 菌盖小型，直径 3~6 cm，淡灰色、淡褐色至淡黄褐色，被米色、白色、污白色或淡灰色的角锥状鳞片，边缘有沟纹。菌褶离生至近离生，白色至米色；短菌褶近菌柄端平截。菌柄淡黄色、米色至白色，基部近球形至卵形，被白色、米色至淡黄色或淡灰色鳞片。菌环上位，膜质，白色至米色。担孢子 8.5~11.5 × 7~8.5 μm。

【生境】 夏秋季生于温带和亚热带的阔叶林、针叶林或针阔混交林中地上。

【分布】 中国华北、华中、华南和西南地区。

【毒性】 有毒。

神经精神型

42 假黄盖鹅膏 *Amanita pseudogemmata* Hongo

【形态特征】 菌盖中等大小，直径 4~9 cm，污黄色至淡黄褐色，被褐灰色至橄榄褐色的疣状至粉末状鳞片，边缘有沟纹。菌褶离生，米色；短菌褶近菌柄端平截。菌柄米色至白色，被黄色至褐黄色鳞片，基部杵状至浅杯状。菌环上位，膜质，白色至淡黄色。担孢子 7~9.5 × 6~8.5 μm。

【生境】 夏秋季生于亚热带阔叶林中地上。

【分布】 中国华中和西南地区。

【毒性】 有毒。

神经精神型

43　红托鹅膏 *Amanita rubrovolvata* S. Imai

【形态特征】 菌盖小型至中等，直径 2~6.5 cm，红色至橘红色，至边缘逐渐变为橘色至黄色，被红色、橘红色至黄色的粉末状至颗粒状鳞片，边缘有沟纹。菌褶离生，白色；短菌褶近菌柄端平截。菌柄米色至淡黄色调，基部近球形，被红色、橘红色至橙色粉末状鳞片。菌环中上位，薄膜质，白色至淡黄色。担孢子 7.5~9 × 7~8.5 μm。

【生境】 夏秋季生于南亚热带及中亚热带的针叶林、针阔混交林或阔叶林中地上。

【分布】 中国华东、华中和西南地区。

【毒性】 有毒。

神经精神型

44 土红鹅膏 *Amanita rufoferruginea* Hongo

【形态特征】 菌盖中等大小，直径 4~7 cm，黄褐色，密被土红色、橘红褐色至皮革褐色的粉末状至絮状鳞片，边缘有沟纹。菌褶离生至近离生，白色；短菌褶近菌柄端平截。菌柄密被土红色、锈红色的粉末状鳞片，基部腹鼓状至卵形，被土红色至褐色的疣状、絮状至粉末状鳞片。菌环上位至近顶生，膜质，易破碎而脱落。担孢子 7~9 × 6.5~8.5 μm。

【生境】 夏秋季生于南亚热带及中亚热带的针叶林、阔叶林或针阔混交林中地上。

【分布】 中国华东、华中、华南和西南地区。

【毒性】 有毒。

神经精神型

45 黄鳞鹅膏 *Amanita subfrostiana* Zhu L. Yang

【形态特征】 菌盖中等大小，直径 4~7 cm，红色、橘红色至淡橘红色，被黄色、淡黄色或橘红色的粉末状、絮状至毡状鳞片，边缘有长沟纹。菌褶离生至近离生，白色至米色；短菌褶近菌柄端平截。菌柄米色至白色，基部球状至卵状，被淡黄色的粉末状至絮状鳞片或呈领口状。菌环上位，膜质，白色至淡黄色。担孢子 8.5~10.5 × 8~10 μm。

【生境】 夏秋季生于亚热带针叶林或针阔混交林中地上。

【分布】 中国西南地区。

【毒性】 有毒。

神经精神型

46　球基鹅膏 *Amanita subglobosa* Zhu L. Yang

【形态特征】　菌盖中等大小，直径 4~10 cm，淡褐色、皮革褐色至琥珀褐色，被白色至淡黄色的角锥状至疣状鳞片，边缘有沟纹。菌褶离生至近离生，白色至米色；短菌褶近菌柄端平截。菌柄米色至白色，基部近球状，被白色、淡黄色至淡褐色的颗粒状至粉末状鳞片，有时呈领口状。菌环中上位，膜质，白色。担孢子 8.5~12 × 7~9.5 μm。

【生境】　夏秋季生于亚热带至温带的混交林中地上。

【分布】　中国东北、华中、华南和西南地区。

【毒性】　可能有毒。

神经精神型

47　残托鹅膏原变型 *Amanita sychnopyramis* Corner & Bas f. *sychnopyramis*

【形态特征】 菌盖中等大小，直径 3~8 cm，淡褐色、灰褐色至深褐色，被白色、米色至淡灰色的角锥状至圆锥状鳞片，边缘有长沟纹。菌褶离生至近离生，白色；短菌褶近菌柄端平截。菌柄米色至白色，基部近球状至腹鼓状，被有米色、淡黄色至淡灰色的疣状、小颗粒状至粉末状鳞片。菌环缺如。担孢子 6.5~8.5 × 6~8 μm。

【生境】 夏秋季生于南亚热带的阔叶林或针阔混交林中地上。

【分布】 中国西南地区。

【毒性】 有毒，能快速毒死苍蝇。

神经精神型

48 残托鹅膏有环变型 *Amanita sychnopyramis* f. *subannulata* Hongo

【形态特征】 与残托鹅膏原变型（*A. sychnopyramis* f. *sychnopyramis*）的区别仅在于：本变型在菌柄中下部至中部着生有白色至米色的膜质菌环。

【生境】 夏秋季生于南亚热带及中亚热带的阔叶林或针阔混交林中地上。

【分布】 中国华中、华南和西南地区。

【毒性】 有毒，能快速毒死苍蝇。

49 星孢丝盖伞 *Inocybe asterospora* Quél.

【形态特征】 菌盖直径 2~3.5 cm，土黄褐色，表面有较明显的细裂缝，呈放射状条纹，边缘开裂，盖中央突起，突起处有不明显的平伏鳞片。菌褶初期白色，后变灰色，中等密，弯生或离生，褶缘发白。菌柄长 6~8 cm，中实，基部球形膨大，柄表面被细密白霜；菌肉有土腥味，白色。担孢子 10.0~11.0 × 8.0~9.5 μm，淡褐色。

【生境】 夏秋季单生于阔叶林内地上。

【分布】 中国东北、西南、华南地区。

【毒性】 中毒者呈现出 PSL（排汗、流涎、流泪）综合症状，同时出现视觉模糊、脸部痉挛、水泻、瞳孔收缩、血压下降、脉搏缓慢、严重者不能及时抢救可致死亡，同时还可引起中枢神经中毒，使中毒者头晕，运动失调，蹒跚，肌肉抽搐、痉挛，运动过分，鼾睡，幻想。

神经精神型

50 粗鳞丝盖伞 *Inocybe calamistrata*（Fr.）Gillet

【形态特征】 菌盖直径 1~2 cm，幼时钟形至半球形，后为扁半球形，中央无突起，褐色至棕土色，表面被细密、反卷的鳞片。菌褶初期乳白色，成熟后褐色带橄榄色，较密，直生。菌柄长 4~6 cm，基部稍粗，中实，表面被褐色的粗糙鳞片，棕褐色，顶部具白色头屑状细小颗粒。菌肉受伤或切开后迅速呈淡红色。担孢子 $8.5~10.5 \times 5~6\ \mu m$，长椭圆形，褐色，光滑。

【生境】 秋季单生于阔叶林或针叶林下。

【分布】 中国东北、西南、华南地区。

【毒性】 有毒。

神经精神型

51 卷鳞丝盖伞（小褐丝盖伞）*Inocybe cincinnata*（Fr.）Quél.

【形态特征】 菌盖直径 0.8~15 cm，幼时钟形，后呈半球形至平展，灰褐色，表面被淡褐色鳞片，中部鳞片反卷，向边缘渐平伏，幼时边缘内卷，后伸展，盖中央有时具不明显的突起。菌褶直生，幼时带淡紫色，后变为灰褐色至褐色。菌肉薄，淡肉色，气味不明显。菌柄长 2~3 cm，等粗，中实，上部菌肉淡紫色至灰紫色，下部色渐淡至白色。担孢子 8.5~9.5 × 5.0~6.0 μm，近杏仁形，黄褐色，光滑。

【生境】 夏季散生于阔叶林中地上。

【分布】 中国西南、华南地区。

【毒性】 有毒。

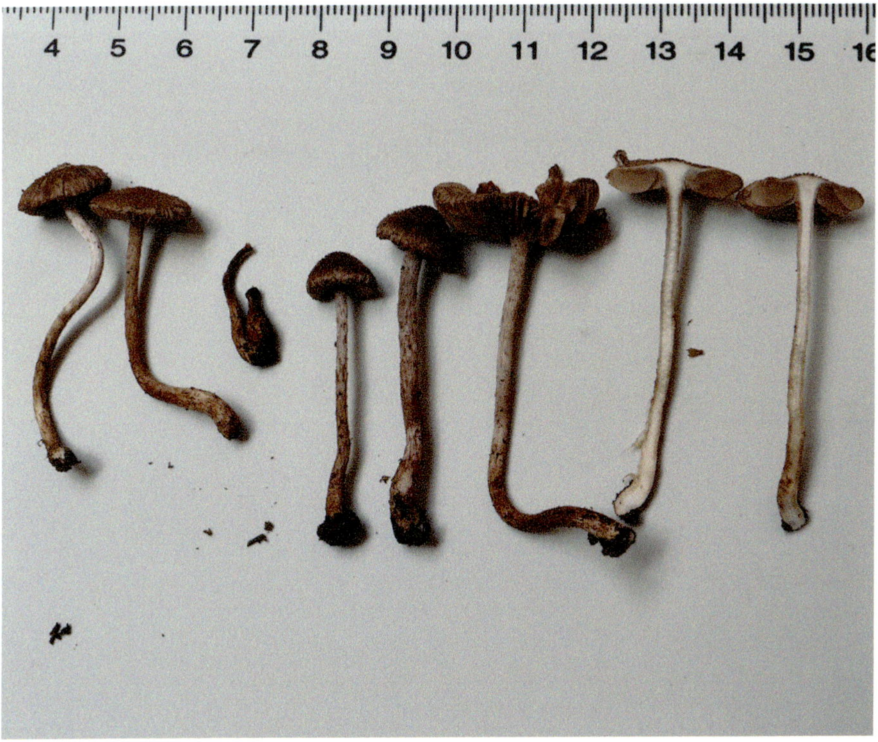

神经精神型

52 甜苦丝盖伞 *Inocybe dulcamara*（Pers.）P. Kumm.

【形态特征】 菌盖直径 1.5~3 cm，幼时半球形，成熟后近平展，中部下凹，表面被辐射状细密鳞片，幼时菌盖边缘可见丝膜残留，褐黄色，中部色深，向边缘渐淡。菌肉较厚，肉质，土黄色，无明显气味。菌褶延生，较宽，黄褐色带橄榄色，中等密，褶缘细小锯齿状。菌柄长 2.2~3.5 cm，直径 0.3~0.5 cm，圆柱形，等粗，表面纤维状，顶部具少许白霜状至细小头屑状颗粒。担孢子 7.5~10.5 × 5~7 μm，椭圆形至近豆形，光滑，黄褐色。

【生境】 夏秋季单生至散生于阔叶树林下或路边。

【分布】 中国东北、华北、西北、青藏等地区。

【毒性】 有毒。

53 变红丝盖伞 *Inocybe erubescens* A. Blytt

【形态特征】 菌盖直径 3~7 cm，幼时锥形，成熟后斗笠形至平展，菌盖边缘强烈上翻，边缘开裂，中央突起，表面干燥，纤丝状，粗糙，细裂，幼时菌盖边缘可见丝膜状菌幕残留，草黄色至赭黄色，伤后或成熟后逐渐带粉色至橙红色。菌肉肉质，白色至带粉红色或橙红色。菌褶密，直生，窄，幼时污白色至灰白色，成熟后或伤后带粉色，褶缘与褶面同色或稍淡。菌柄长 6.5~9.5 cm，直径 0.6~1.5 cm，圆柱形，等粗或上部渐细，基部球形膨大，中实，表面被细纤丝，顶部被粗纤维状或头屑状鳞片，中下部被白色菌丝体，表面白色至污白色，成熟后逐渐带粉红色或橙红色。担孢子 11~13.5×6~7.5 μm，椭圆形至长椭圆形，顶部钝，光滑，黄褐色。

【生境】 夏季单生或散生于壳斗科林中地上。

【分布】 中国华北、华中、西北等地区。

【毒性】 有毒。

神经精神型

54　土味丝盖伞（污白丝盖伞）*Inocybe geophylla*（Bull.）P. Kumm.

【形态特征】　菌盖直径 1~1.5 cm，幼时锥形，后逐渐平展，盖中央明显凸起，光滑且具丝状质感，成熟后边缘开裂，白色或稍带淡黄色。菌褶幼时白色，后灰色至淡褐色，直生。菌肉肉质，白色或带淡黄色，浓土腥味。菌柄长 3~5.5 cm，白色，基部稍粗，顶部具白色霜状鳞片，中实。担孢子椭圆形，光滑，淡褐色，大小为 8.5~9.5 × 5.0~6.0 μm。

【生境】　夏秋季单生或散生于阔叶林或针叶林中地上。

【分布】　中国大部分地区。

【毒性】　有毒。

神经精神型

55　土黄丝盖伞 *Inocybe godeyi* Gillet

【形态特征】 菌盖直径 2~4 cm，幼时钟形，后呈斗笠形至平展，菌盖中央具明显的钝状凸起，盖表面丝质光滑，有时有不明显的鳞片，幼时淡褐色、边缘色淡，后逐渐带橙红色至粉红色，受伤后即变橙红色至粉红色。菌褶直生，白色至灰白色，成熟后或受伤后逐渐带橙红色至砖红色。菌柄长 3.5~6 cm，中实，具光泽。菌肉白色，后变橙红色，带土腥味。担孢子 8.5~11.0 × 5.5~7.0 μm，光滑。

【生境】 秋季生于栎林中地上。

【分布】 中国华北、西北地区。

【毒性】 有毒。

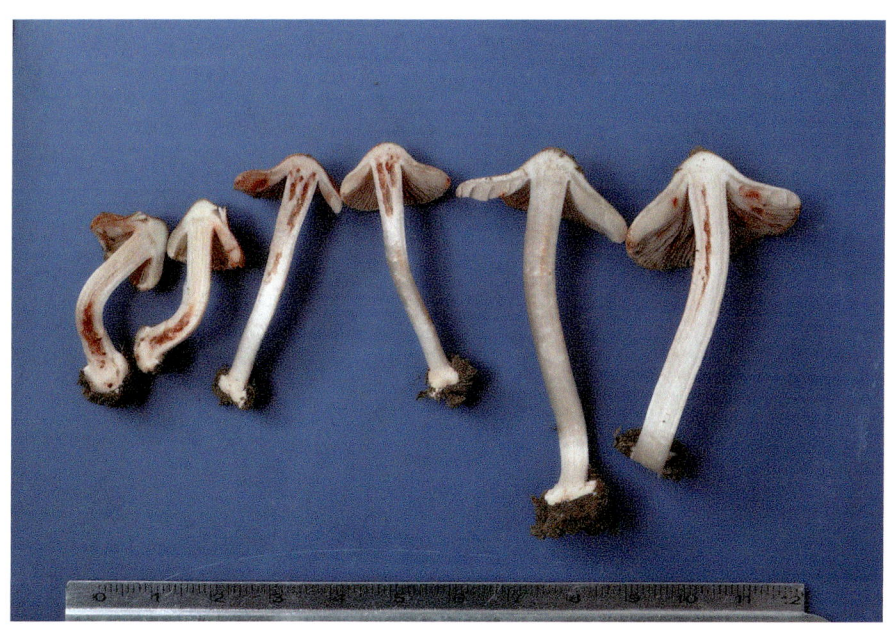

第五章　中国毒蘑菇物种

56 暗毛丝盖伞 *Inocybe lacera*（Fr.）P. Kumm.

【形态特征】 菌盖直径 1~1.5 cm，盖中央具有明显或不明显的突起，菌盖褐色至暗褐色，表面粗糙至被细密的褐色鳞片。菌褶直生，黄褐色。菌肉肉质，白色，有较淡的土腥味或酸味。菌柄长 3~3.5 cm，基部略膨大。担孢子 10.5~13.0×4.5~5.5 μm，近椭圆形，表面光滑，边缘偶尔呈弱角状，顶部钝圆或稍平，黄褐色。

【生境】 夏秋季单生或散生于阔叶林或针叶林及林缘路边。

【分布】 中国东北、西南、西北地区。

【毒性】 有毒。

57 棉毛丝盖伞 *Inocybe lanuginosa*（Bull.）P. Kumm.

【形态特征】 菌盖直径 0.8~1.5 cm，表面被深褐色刺毛鳞，中部无明显突起，中央部分鳞片直立，向盖边缘鳞片渐为平伏放射状。菌褶幼时灰白色，后逐渐为淡褐色，直生。菌肉乳白色至淡褐色，无特殊气味。菌柄长 2~3 cm，被烟褐色纤毛状鳞片，顶部有少许白色粉状颗粒覆盖，基部不膨大。担孢子 8.0~9.0×5.5~6.5 μm，具 7~10 个小突起，淡褐色。

【生境】 夏秋季单生或散生于针叶树腐木上（腐朽程度较深）。

【分布】 中国东北、西南、华南地区。

【毒性】 有毒。

神经精神型

58 尖顶丝盖伞 *Inocybe napipes* J. E. Lange

【形态特征】 子实体小。菌盖直径 2~2.5 cm，锥形至斗笠形，顶部凸尖，锈褐色，中部棕褐色，被纤毛或绒毛，有丝光，边缘辐射开裂或上翘。菌肉黄褐色。菌褶锈黄至锈褐色，直生或弯生，不等长。菌柄长 3~4.5 cm，直径 0.3~0.4 cm，与盖同色，有纵条纹和纤毛，实心。担孢子有瘤状凸起，大小为 7.5~9.0 × 5.0~6.5 μm。

【生境】 夏秋季于阔叶林中地上散生。

【分布】 中国西南、华南地区。

【毒性】 有毒。

59 光帽丝盖伞（红褐丝盖伞）*Inocybe nitidiuscula*（Britzelm.）Lapl.

【形态特征】 菌盖直径 2~3 cm，中央具较小的突起，深褐色，老后边缘开裂。菌褶直生至近延生，中等密，褐色。菌肉白色或半透明，淡土腥味。菌柄长 3~6 cm，上部粉褐色，下部灰白色，基部膨大，顶部具白色颗粒状鳞片，中空。担孢子 9.0~10.9×5.0~6.0 μm，椭圆形，光滑，淡褐色。

【生境】 夏秋季单生或散生于阔叶林内地上。

【分布】 中国东北、西南地区。

【毒性】 有毒。

神经精神型

60 裂丝盖伞 *Inocybe rimosa* Britzelm.

【形态特征】 子实体小。菌盖直径 2~5 cm，初期近圆锥形至钟形或斗笠形，淡乳黄色至黄褐色，中部色较深，表面密被纤毛状或丝状条纹，干燥时龟裂，边缘多放射状开裂。菌肉白色。菌褶淡乳白色或褐黄色，弯生，中等密，不等长。菌柄长 2.5~6 cm，圆柱形，上部白色有小颗粒，下部污白至浅褐色并有纤毛状鳞片，常扭曲和纵裂，实心，基部稍膨大。担孢子印锈色。担孢子光滑，椭圆形或近肾形，大小为 10~12.5 × 5.5~7.5 μm。

【生境】 夏秋季于林中或道旁树下地上群生或单生。

【分布】 中国西南、华南地区。

【毒性】 有毒。

神经精神型

61 羞丝盖伞 *Inocybe whitei*（Berk. & Broome）Sacc.

【**形态特征**】 菌盖直径 3~7 cm，中央具明显突起，表面纤维丝状，中部常色淡，菌盖表面带红色或橘红色鳞片，菌盖边缘更为明显。菌褶离生至直生，褐灰色，褶缘常带橘红色至红色。菌肉薄，污白色。菌柄长 4~7 cm，近白色，表面被纤维状鳞片，常具橘黄色至红色纤维。担孢子 8.0~10.5 × 5.0~6.5 μm，椭圆形至宽椭圆形，顶部钝，黄褐色，光滑。

【**生境**】 7~9 月生于落叶松和云杉等针叶林下。

【**分布**】 中国东北、华东地区。

【**毒性**】 有毒。

神经精神型

62　白霜杯伞 *Clitocybe dealbata*（Sowerby）P. Kumm.

【**形态特征**】　菌盖直径 3~4 cm，初期半球形，后中部下凹，有时呈漏斗状，白色、浅黄色、浅黄褐色，边缘内卷或呈波浪状。菌肉白色。菌褶延生，较密，白色、黄白色。菌柄长 2~3.6 cm，近圆柱形，白色，基部稍膨大。担孢子 5~6 × 3.5~4 μm，近椭圆形，光滑，无色，非淀粉质。

【**生境**】　夏秋季群生或丛生于林中地上。

【**分布**】　中国西北地区。

【**毒性**】　有毒。

神经精神型

63　芳香杯伞 *Clitocybe fragrans*（With.）P. Kumm.

【形态特征】 子实体一般较小。菌盖直径 2~6 cm，初扁半球形，后平展，开伞后中部凹陷，白色至浅黄色，湿润时边缘有条纹。菌肉白色，有香气。菌褶白色，延生，中等密，不等长。菌柄长 3~8 cm，直径 0.4~0.8 cm，同菌盖颜色，近平滑，松软至空心，基部有绒毛。担孢子近球形，大小为 3.5~5.0 × 3.0~4.5 μm。

【生境】 夏秋季林中地上群生至丛生。

【分布】 中国西南、华南地区。

【毒性】 有毒。

64　深凹杯伞 *Clitocybe gibba*（Pers.）P. Kumm.

【形态特征】　菌盖直径 2~10 cm，初期扁半球形，逐渐平展，后期中部下凹，呈漏斗状，幼时中央具小尖突，干燥，薄，表面淡黄色至淡褐色，微有丝状柔毛，后变光滑，边缘波状。菌肉白色，薄。菌褶延生，白色，薄。菌柄长 2~5 cm，白色，基部稍膨大。担孢子 6~9 × 3.5~5 μm，近卵圆形、椭圆形或长杏仁形，光滑。

【生境】　夏秋季单生或群生于阔叶林或针叶林中地上、腐枝落叶层或草地上。

【分布】　中国东北、华北、西南、西北地区。

【毒性】　有毒。

神经精神型

65 落叶杯伞 *Clitocybe phyllophila*（Pers.）P. Kumm.

【形态特征】 菌盖直径4.5~11 cm，初期扁球形，后期呈漏斗状，白色，表面具有白色绒毛，边缘光滑。菌肉白色，伤后不变色。菌褶延生，稍密，白色，不等长，褶缘近平滑。菌柄长4~9 cm，白色，表面具纤细绒毛，空心。担孢子4.5~7×2.8~4 μm，椭圆形，光滑。

【生境】 夏季群生于阔叶林中地上。

【分布】 中国东北、华南地区。

【毒性】 有毒。

神经精神型

66 血红小菇 *Mycena haematopus*（Pers.）P. Kumm.

【形态特征】 菌盖直径 2.5~5 cm，钟形，幼时暗红色，中部色深，边缘色淡且常开裂，呈较规则的锯齿状，伤后流出血红色汁液。菌肉薄，白色至酒红色。菌褶直生或近弯生，白色至灰白色。菌柄长 3~6 cm，直径 0.2~0.3 cm，中空，脆质，基部被白色毛状菌丝体。担孢子 $7.5\sim11\times5\sim7\ \mu m$，宽椭圆形，光滑，无色，淀粉质。

【生境】 初夏至秋季常簇生于腐朽程度较深的阔叶树腐木上。

【分布】 中国东北、华中等地区。

【毒性】 有毒。

神经精神型

67　暗花纹小菇 *Mycena pelianthina*（Fr.）Quél.

【形态特征】 菌盖直径 1.5~5 cm，半球形至平展，紫褐色，边缘具辐射性沟槽状条纹，半透明。菌肉薄，肉粉色，水浸状。菌褶延生，较稀疏，紫褐色。菌柄长 2~5 cm，直径 0.2~0.4 cm，中空。担孢子 5.5~7.2×3.5~4.8 μm，椭圆形，光滑。

【生境】 夏季群生或单生于阔叶林下腐殖层中。

【分布】 中国东北地区。

【毒性】 有毒。

68 洁小菇 *Mycena pura*（Pers.）P. Kumm.

【**形态特征**】 菌盖直径 2.5~5 cm，幼时半球形，后平展至边缘稍上翻，具条纹；幼时紫红色，成熟后稍淡，中部色深，边缘色淡，并开裂呈较规则的锯齿状。菌肉薄，灰紫色。菌褶较密，直生或近弯生，通常在菌褶之间形成横脉，不等长，白色至灰白色，有时呈淡紫色。菌柄长 3~6 cm，直径 3~5 mm，圆柱形或扁，等粗或向下稍粗，与菌盖同色或稍淡，光滑，空心，软骨质，基部被白色毛状菌丝体。担孢子 6.5~8 × 4~5 μm，椭圆形，光滑，无色，淀粉质。

【**生境**】 夏秋季散生于针阔混交林或针叶林中地上。

【**分布**】 中国东北、内蒙古、西北和青藏等地区。

【**毒性**】 日本有食用后中毒的报道。

神经精神型

69 热带紫褐裸伞 *Gymnopilus dilepis*（Berk. & Broome）Singer

【形态特征】 菌盖小型至中等，直径 3~7 cm，紫褐色，中央被褐色至暗褐色直立鳞片。菌肉淡黄色至米色，味苦。菌褶褐黄色至淡锈褐色。菌柄褐色至紫褐色，有细小纤丝状鳞片。菌环丝膜状，易消失。担孢子 6~8.5 × 4.5~6 μm。

【生境】 夏秋季生于南亚热带及热带林中腐木上或腐烂的竹子基部。

【分布】 中国华南与西南地区。

【毒性】 有毒。2010 年 3 月 3 日，在广州发生一起误食中毒事件，1 人中毒，表现为食后 2 h 出现头晕、全身乏力、麻木等症状，患者经医院治疗 2 天后痊愈。

神经精神型

70 条缘裸伞 *Gymnopilus liquiritiae*（Pers.）P. Karst.

【形态特征】 菌盖直径3.5~5 cm，初期半球形，后期平展，表面淡黄色、玉米黄色至橙黄色，盖缘有细条纹。菌肉薄，味苦，黄色。菌褶黄色或黄锈色，密，近直生。菌柄长4.5~7 cm，直径0.4~0.5 cm，淡黄色或近污白色，中空，基部稍膨大。菌环膜质或丝膜质，易脱落。担孢子7~8.5×4~5.5 μm，近杏仁状或椭圆形，粗糙，淡黄色或浅锈色。

【生境】 夏秋季群生或近丛生于针叶树腐木、枯木上。

【分布】 中国东北、西北、青藏等地区。

【毒性】 有毒。

71 赭黄裸伞 *Gymnopilus penetrans*（Fr.）Murrill

【形态特征】 菌盖直径 2~6 cm，幼时钟形至凸镜形，后近平展，铬黄色至金黄色。菌肉肉质，白色至浅黄色，味苦。菌褶直生至稍弯生，黄色。菌柄长 3~6 cm，直径 0.3~0.6 cm，淡黄色。菌环白色，纤维质，易消失。担孢子 7~9 × 4.5~5.5 μm，椭圆形至近苦杏仁形，锈褐色，有小疣突。

【生境】 夏秋季群生或类丛生于针叶树腐木上。

【分布】 中国东北、华东、西南等地区。

【毒性】 有毒。

神经精神型

72 橘黄裸伞 *Gymnopilus spectabilis*（Fr.）Singer

【形态特征】 菌盖直径 5~18 cm，初期半球形或凸镜形，后近平展，橙黄色至橘红色，有纤毛状橘红色小鳞片。菌肉厚，淡黄色，味苦。菌褶直生或延生，初浅黄色，后锈色，密。菌柄长 6~20 cm，直径 0.8~3 cm，近棒状或近纺锤状，赭黄色，具丝状条纹，实心，基部膨大。菌环位于菌柄上部，膜质，淡黄色至黄色。担孢子 7.8~10 × 5.4~6.0 μm，卵球形至椭圆形，赭黄色至铁锈色，表面具麻点。

【生境】 夏秋季单生、丛生于腐木上。

【分布】 中国大部分地区。

【毒性】 有毒。

神经精神型

73 安蒂拉斑褶菇 *Panaeolus antillarum*（Fr.）Dennis

【形态特征】 菌盖直径 2~4.5 cm，初期半球形至近钟形，纯白色至银灰色，后变污白色至污土黄色，中央呈黄褐色至灰黑带黄色，湿时黏，边缘具菌幕残片。菌肉薄，白色至淡黄褐色。菌褶直生，初带紫黄褐色，后由于担孢子的成熟而呈花斑纹，最后呈烟黑色至黑色。菌柄长 7~15 cm，直径 0.4~0.8 cm，中实，白色至带褐白色，被白色粉末。担孢子 12.5~15.5×9~11 μm，光滑，六角形至宽椭圆形，暗褐色至黑色，壁厚，光滑。

【生境】 夏秋季群生于马粪或牛粪上。

【分布】 中国各地。

【毒性】 有毒。

74 黑斑褶菇 *Panaeolus ater*（J. E. Lange） Kühner & Romagn. ex Bon

【形态特征】 菌盖直径 0.6~1.2 cm，近半球形，灰褐色至灰黑色，上被短绒毛。菌肉薄，灰黑色至带褐灰色。菌褶直生，青褐色，后随担孢子成熟渐呈黑色斑点，褶缘灰白色。菌柄长 4.5~6.5 cm，直径 0.1~0.2 cm，上褐色，下深褐色，中空。担孢子 $10.5~12 \times 7.5~8$ μm，光滑，柠檬形，顶端平截，褐黑色，壁厚，光滑。

【生境】 生于地上腐草上。

【分布】 中国东北、西北、华东地区。

【毒性】 有毒。

神经精神型

75　环带斑褶菇 *Panaeolus cinctulus*（Bolton）Sacc.

【形态特征】　菌盖直径 2~4.5 cm，红褐色，很快变淡而呈淡灰褐色，水浸状，中部稍凸起，表面有细皱纹。菌肉污白色至淡灰色。菌褶弯生，淡灰色，有深灰色至近黑色的点状斑纹。菌柄淡褐色并带紫色色调，有纵向细纹，被污白色至淡灰色细鳞。菌环无。担孢子侧面观椭圆形（10~12 × 7~8 μm），有稍偏斜的芽孔，背腹观近柠檬形至透镜形（10~12 × 8~9.5 μm），淡褐色至深褐色，光滑。

【生境】　生于地上腐草上。

【分布】　中国大部分地区。

【毒性】　有毒。

神经精神型

76 蓝灰斑褶菇 *Panaeolus cyanescens*（Berk. & Broome）Sacc.

【形态特征】 菌盖直径 1.5~6 cm，幼时半球形，后钟形至凸镜形，成熟后渐展开至平展，浅棕色至浅灰色、浅褐色，水渍状，伤后变绿色或蓝色至蓝黑色。菌肉白色，伤后变蓝色至蓝黑色。菌褶直生，灰黑色。菌柄长 5~12 cm，直径 0.2~0.6 cm，向基部稍膨大，伤后变蓝黑色，有白色绒毛和条纹，空心。担孢子 11~15 × 8~10 μm，柠檬形，有顶生芽孔，光滑，黑褐色至烟黑色。

【生境】 散生至群生于粪堆上或腐殖质丰富的林地上或草地上。

【分布】 中国华中、华南等地区。

【毒性】 有毒。

神经精神型

77 粪生斑褶菇 *Panaeolus fimicola*（Pers.）Gillet

【形态特征】菌盖直径 15~40 mm，初期圆锥形至钟形，后平展为扁半球形至半球形，中部钝或稍突起，灰白色至灰褐色，中部黄褐色至茶褐色，边缘有暗色环带。菌肉极薄，灰白色。菌褶直生，稍稀，幅宽，灰褐色，渐变为黑灰相间的花斑，最后变黑色，褶缘白色。菌柄长 2.5~10 cm，直径 0.2~0.3 cm，褐色，中空。担孢子 12.5~15 × 11.5~8.5 μm，柠檬形，光滑，褐色至黑褐色。

【生境】夏季生于马粪堆及其周围地上。

【分布】中国东北、西北等地区。

【毒性】有毒。

神经精神型

78　半卵形斑褶菇 *Panaeolus semiovatus* (Sowerby) S. Lundell & Nannf.

【形态特征】 菌盖直径 2.5~6 cm，锥形、卵圆形至钟形，湿时黏，白色至浅黄色。菌肉白色至灰白色。菌褶直生或近离生，灰白色，渐变暗褐色。菌柄长 12~17 cm，直径 0.4~1.3 cm，基部膨大。菌环膜质，白色。担孢子 20~22 × 11.5~14 μm，柠檬形至椭圆形，褐色，壁厚，光滑。

【生境】 夏秋季单生或群生于牛、马粪或肥沃的草地上。

【分布】 中国东北、西北、西南地区。

【毒性】 有毒。

神经精神型

79 早生脆柄菇 *Psathyrella gracilis*（Fr.）Quél.

【形态特征】 菌盖直径 2~4 cm，初期半球形至扁半球形，后渐平展，幼时黄色至浅棕色，成熟后深棕色至深褐色。菌肉薄，浅褐色。菌褶密，浅棕色至褐色，离生。菌柄长 5~7 cm，直径 0.2~0.4 cm，圆柱形或基部稍膨大，纤维质，质地脆，中空，颜色较菌盖浅，干时弯曲。担孢子 12~18 × 7~10 μm，长椭圆形，表面光滑，有芽孔，暗褐色。

【生境】 春夏季生于阔叶林中腐木上或林中草地上。

【分布】 中国东北、西北和华北地区。

【毒性】 有毒。

神经精神型

80 丛毛小脆柄菇 *Psathyrella kauffmanii* A. H. Sm.

【形态特征】 菌盖直径 2~6 cm，初期钟状，后渐平展，湿时表面具半透明条纹，边缘水浸状，棕色至暗灰棕色。菌肉薄，污白色至灰褐色。菌褶密，直生，灰白色至淡褐色。菌柄长 6~7 cm，直径 3~5 mm，圆柱形，中空，丝光质，上下近等粗或上部略细。担孢子 7~8 × 4~4.5 μm，长椭圆形，光滑，暗褐色。

【生境】 夏季散生于阔叶林中地上。

【分布】 中国华南、华中和东北等地区。

【毒性】 有毒。

神经精神型

81 喜粪裸盖菇 *Psilocybe coprophila*（Bull.）P. Kumm.

【形态特征】 菌盖直径 1~2.5 cm，半球形，稍黏至黏，光滑，灰褐色至暗褐色。菌肉薄，白色。菌褶直生，灰褐色至深紫褐色。菌柄长 2~6 cm，直径 0.1~0.3 cm，黄褐色至灰褐色，中空。担孢子 10.5~13 × 7.5~8.5 μm，宽椭圆形，褐色至黑褐色，萌发孔明显。

【生境】 夏秋季群生于粪堆上。

【分布】 中国东北、华南、西南等地区。

【毒性】 有毒。

神经精神型

82 古巴裸盖菇 *Psilocybe cubensis*（Earle）Singer

【**形态特征**】 菌盖直径 1.5~4.8 cm，圆锥形或钟形，近白色至黄褐色，水渍状，伤处或触碰时变蓝色。菌肉白色，伤处变蓝。菌褶直生或弯生，暗灰色至暗紫褐色。菌柄长 4~13 cm，直径 0.4~1.3 cm，白色至黄褐色，伤处变蓝。菌环白色，膜质。担孢子 12~14.5×8~10 μm，宽椭圆形，深黄褐色、深褐色至黑褐色，萌发孔明显。

【**生境**】 夏秋季单生或群生于粪堆上，多生于牛粪上。

【**分布**】 中国华东、西南地区。

【**毒性**】 有毒。

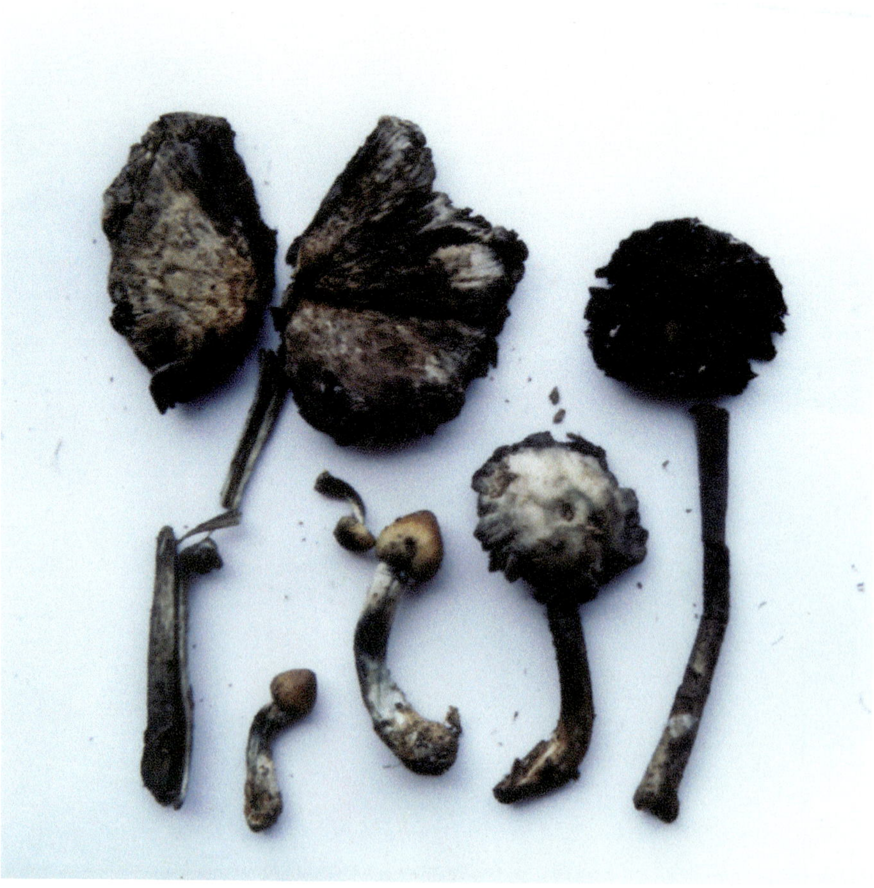

神经精神型

83 苏梅岛裸盖菇 *Psilocybe samuiensis* Guzmán et al.

【形态特征】 菌盖直径 1~3.0 cm，半球形，光滑，淡黄色至褐色，中部常有小乳突。菌肉薄，白色。菌褶直生，灰褐色至深紫褐色。菌柄长 4~6 cm，直径 0.1~0.3 cm，淡黄色，常被纤毛，中空。担孢子 10~13×6.5~8.0 μm，宽椭圆形，萌发孔明显。

【生境】 夏秋季群生于田地上。

【分布】 中国华中地区。

【毒性】 有毒。2012 年在湖南省汨罗市、宁乡县发生多起中毒事件。

第五章 中国毒蘑菇物种

84　台湾光盖伞 *Psilocybe taiwanensis* Zhu L. Yang & Guzmán

【形态特征】 菌盖直径 2~3 cm，近锥形至平展，中央圆钝并常有小乳头状凸起，褐色至茶褐色；边缘色较淡，常有白色菌幕残余。菌褶灰褐色、暗红褐色至暗紫罗兰色。菌柄污白色至淡褐色，伤后局部变蓝。菌肉白色，伤变蓝色。担孢子 6~7 × 4~4.5 μm，侧面观近椭圆形，背腹观近菱形，有芽孔。

【生境】 夏季生于林中地表腐殖质上。

【分布】 中国台湾。

【毒性】 有毒。

神经精神型

85 毡毛小脆柄菇 *Lacrymaria lacrymabunda*（Bull.）Pat.

【形态特征】 菌盖直径 4~7 cm，初期钟形，后期呈斗笠形，表面被毛状鳞片，初期边缘具白色菌幕残片，黄褐色。菌肉薄，质脆，白色。菌褶离生，浅灰色至灰黑色。菌柄长 4~11 cm，直径 0.5~0.9 cm，质脆。担孢子 9.2~12.2 × 6.4~7.5 μm，椭圆形至长椭圆形，具明显小疣，黑褐色。

【生境】 春夏季群生于林中地上。

【分布】 中国东北等地区。

【毒性】 有毒。

神经精神型

86 黄盖粪伞 *Bolbitius titubans*（Bull.）Fr.

【形态特征】 菌盖直径 1.5~5 cm，初期卵形或近圆形，渐平展，黏，黄色或浅黄绿色。菌肉浅黄色，脆。菌褶离生，密，脆而软，近白色或浅黄色，渐变为肉桂锈色。菌柄长 3~12 cm，直径 0.2~0.4 cm，空心，脆，表面有微小鳞片，白色，有时呈浅黄色。担孢子 10~16×6~9 μm，椭圆形，末端平截，光滑，锈褐色。

【生境】 夏秋季单生、散生或群生于粪便上或施肥的草地上。

【分布】 中国大部分地区。

【毒性】 有毒。

神经精神型

87 铜绿球盖菇 *Stropharia aeruginosa*（Curtis）Quél.

【形态特征】 菌盖直径 3~7 cm，钟形至半球形，后逐渐平展，中部丘形。初期黏，并具有白色棉毛状小鳞片，铜绿色至绿色，随着黏液层的消失菌盖颜色转变为黄绿色或灰褐绿色，通常菌盖表面铜绿色至绿色上具有不均匀黄色斑点。菌肉白色。菌褶直生至弯生，灰白色至灰紫褐色。菌柄长 4.5~7.5 cm，直径 0.4~0.8 cm，基部具有白色菌索。菌环上位或中位，膜质，易脱落。担孢子 8~9.5 × 5~6 μm，椭圆形，光滑，淡灰褐色。

【生境】 夏秋季单生至散生于针叶林或混交林中腐木上，或腐枝落叶层上、肥沃地上。

【分布】 中国各地。

【毒性】 有毒。

神经精神型

88　半球盖菇 *Stropharia semiglobata*（Batsch）Quél.

【形态特征】　菌盖直径 1.5~5 cm，半球形，湿时黏至胶黏，浅黄白色至黄乳白色。菌肉白色。菌褶直生至弯生，浅紫褐色。菌柄长 4~12 cm，直径 0.3~0.8 cm，等粗或基部稍膨大，中空。菌环上位，膜质。担孢子 17~20 × 9~10 μm，椭圆形至长椭圆形，壁厚，黄褐色。

【生境】　夏秋季在林中草地、田野、路旁等有牛马粪肥、堆肥处单生或散生。

【分布】　中国各地。

【毒性】　有毒。

神经精神型

89 鹿花菌 *Gyromitra esculenta*（Pers.）Fr.

【形态特征】 子囊盘高 10~15 cm，宽 4~8 cm，不规则，脑形，初时光滑，逐渐多褶皱，红褐色、紫褐色或金褐色、咖啡色或褐黑色，粗糙，边缘部分与菌柄连接。菌柄长 4~6 cm，直径 0.8~2.5 cm，往往短粗，污白色，空心，表面粗糙而凹凸不平。子囊孢子 17~22 × 8~10 μm，椭圆形，透明，含 2 个小油滴。

【生境】 春至夏初多单生或群生于林中地上。

【分布】 中国东北、华中等地区。

【毒性】 有毒。不能食用。易与可食用的羊肚菌相混淆，要注意准确区分。

神经精神型

90 赭鹿花菌 *Gyromitra infula*（Schaeff.）Quél.

【**形态特征**】 子囊盘宽 4.6~8 cm，马鞍形，具皱褶，但不形成脑状，黄褐色至红褐色，成熟后多为暗褐色。菌柄长 4~7 cm，直径 2~3 cm，不具横棱，灰色。子囊圆柱形，7~10 μm，侧丝头状花序。子囊孢子 17~24 × 7~11 μm，长椭圆形，光滑，无色。侧丝浅褐色，顶端稍膨大。

【**生境**】 夏秋季单生、散生或群生于阔叶树或针叶树腐木上，或苔藓丛中。

【**分布**】 中国东北地区。

【**毒性**】 有毒。

神经精神型

91 拟皱柄白马鞍菌 *Helvella pseudoreflexa* Q. Zhao et al.

【形态特征】 子囊盘宽 2~4 cm，马鞍形，成熟后常呈不规则瓣片状，白色到淡黄色，有时带灰色，边缘与柄不相连。子实层生于菌盖上表面，光滑，常有褶皱。菌柄长 5~6 cm，直径 1~2 cm，有纵棱及深槽形陷坑，棱脊缘窄而往往交织，与菌盖同色。子囊孢子 14~20 × 10~15 μm，宽椭圆形，光滑至粗糙，无色。

【生境】 夏秋季单生于阔叶林中地上。

【分布】 中国大部分地区。

【毒性】 有毒，建议不要食用。

92 马鞍菌 *Helvella elastica* Bull.

【**形态特征**】 子囊盘宽 2~4.5 cm，马鞍形，蛋壳色、灰蜡黄色至灰褐色或近黑色。子实层表面平滑，常卷曲，边缘与菌柄分离。菌柄长 4~10 cm，直径 0.6~1 cm，圆柱形，白色，成熟后渐变蛋壳色、灰白色至灰色。子囊 200~280 × 15~20 μm，具 8 个子囊孢子，单行排列。子囊孢子 17~22 × 10~14 μm，椭圆形，无色，具 1 个油滴，光滑至稍粗糙。

【**生境**】 夏秋季生于林中地上。

【**分布**】 各区均有分布。

【**毒性**】 据记载可食，但也有人食后中毒，不宜采食。

神经精神型

93 皱盖钟菌（波地钟菌）*Verpa bohemica*（Krombh.）J. Schröt.

【形态特征】 子囊盘直径 2~4 cm，锥形或钟形，常具有由褶皱形成的纵向的脊，脊常接合形成脉状网络，黄褐色至灰褐色。囊盘颜色稍浅，只有顶部与菌柄相连，其余部分与菌柄分离。菌柄长 6~12 cm，直径 1~2.5 cm，乳白色，向上渐细，初期菌柄内部具松散的絮状菌丝，后期空心。菌肉白色。子囊 275~350 × 16~23 μm，内含 2 或 3 个子囊孢子。子囊孢子 60~80 × 15~18 μm，长椭圆形，表面光滑，有时弯曲。

【生境】 春季单生或散生于林中地上。

【分布】 中国东北、华中地区。

【毒性】 有毒。

神经精神型

94　指状钟菌 *Verpa digitaliformis* Pers.

【形态特征】 子囊盘直径 1~3.5 cm，钟形至半球形，肉质，易破碎。子实层表面平滑或有皱纹，顶端稍下凹，赭石色至暗褐色。菌柄长 3~9 cm，直径 0.5~1 cm，圆柱形，近白色，空心，表面有横排列的细小鳞片。子囊 230~250 × 14~20 μm，圆柱形，内含 8 个子囊孢子。子囊孢子 22~26 × 11~14 μm，长椭圆形，无色，单行排列。

【生境】 春季单生或散生于阔叶林中地上。

【分布】 中国西北地区。

【毒性】 有毒。

神经精神型

95 粉黄黄肉牛肝菌 *Butyriboletus roseoflavus*（Hai B. Li & Hai L. Wei）D. Arora & J. L. Frank

【形态特征】 菌盖中等至大型，直径 6~12 cm，紫红色、玫瑰红色至粉红色，老时色变淡。菌肉黄色至米黄色，受伤不变色或在局部地方快速变为浅蓝色。子实层体表面黄色，受伤后变为蓝色。菌柄上半部黄色至奶油色，有同色网纹；下半部网纹不明显。担孢子 9~12 × 3.5~4.5 μm，长椭圆形至近梭形。

【生境】 夏秋季生于南亚热带及中亚热带针叶林或针阔混交林中地上。

【分布】 中国华东、华南和西南地区。

【毒性】 误食致幻，生食有毒，煮熟后方可食用。

96 哀牢山炮孔菌 *Laetiporus ailaoshanensis* B. K. Cui & J. Song

【形态特征】 菌盖覆瓦状叠生,外伸可达 8 cm,宽可达 10 cm,中部厚可达 1.3 cm,橘黄色至橘红色,边缘钝且较菌盖表面颜色浅。菌肉乳白色至浅黄色,厚可达 1 cm。子实层体表面奶油色至浅黄色,孔口多角形,每毫米 3~5 个,边缘全缘至撕裂状。担孢子 5~6 × 4~5 μm。

【生境】 春夏季生于亚热带阔叶树腐木上。

【分布】 中国西南地区。

【毒性】 幼时有人采食,但可能会引起幻觉等作用,建议避免食用。

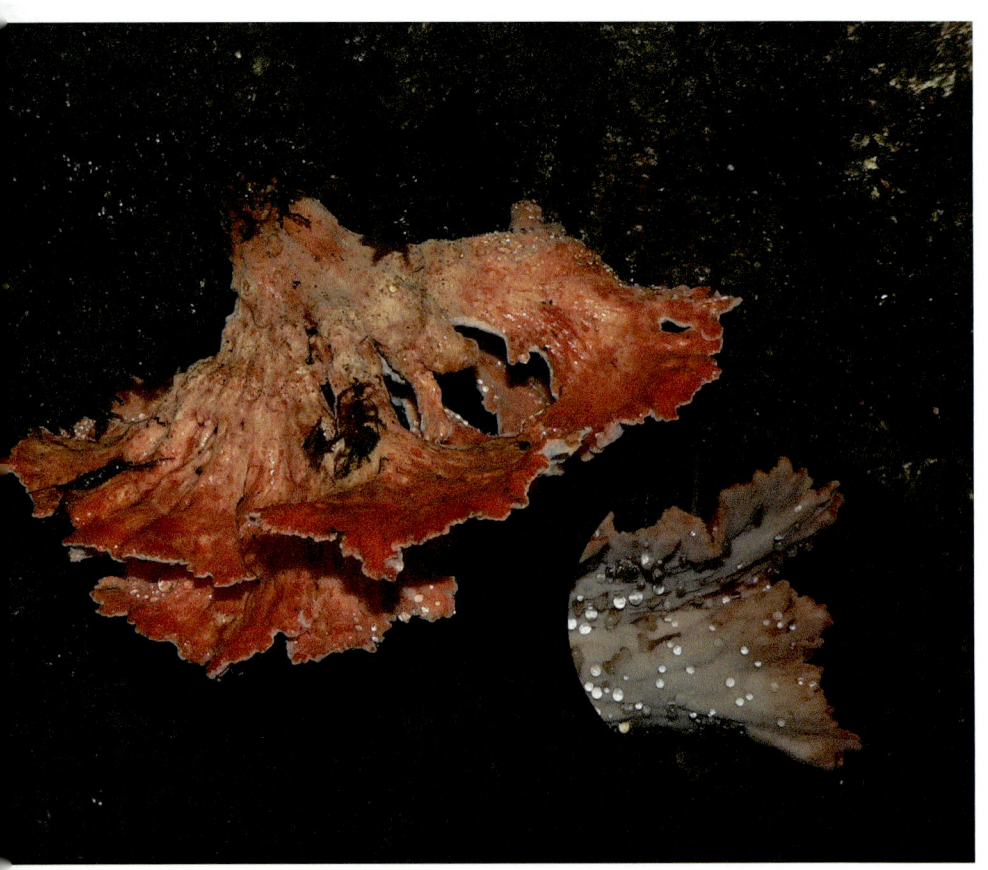

神经精神型

97　环纹炮孔菌 *Laetiporus zonatus* B. K. Cui & J. Song

【形态特征】 菌盖覆瓦状叠生，外伸可达 10 cm，宽可达 17 cm，中部厚可达 3 cm，橘黄色至橘红色，具同心环纹，边缘钝且颜色浅。菌肉奶油色至浅黄色，厚可达 2.5 cm。子实层体表面奶油色至土黄色，孔口多角形，每毫米 2~5 个，孔缘全缘至撕裂状。担孢子 $6{\sim}7 \times 4.5{\sim}5.5$ μm。

【生境】 春夏季生于亚热带阔叶树腐木上。

【分布】 中国西南地区。

【毒性】 幼时有人采食，但可能会引起幻觉等作用，建议避免食用。

神经精神型

98　兰茂牛肝菌 *Lanmaoa asiatica* G. Wu & Zhu L. Yang

【形态特征】 菌盖中等至大型，直径 5~11 cm，污红色、红色至粉红色，边缘表皮稍延伸。菌肉淡黄色，受伤后变为淡蓝色。子实层体的厚度为菌盖菌肉厚度的 1/4~1/3，表面淡黄色。菌管淡黄色，受伤后迅速变为蓝色至淡蓝色。菌柄近圆柱状，顶部黄色，中下部红色至紫红色，平滑，有时仅顶部有网纹。担孢子 9~11.5 × 4~5.5 μm，长椭圆形至近梭形。

【生境】 夏秋季生于亚热带针叶林或针阔混交林中地上。

【分布】 中国西南地区。

【毒性】 生食可能致幻，煮熟后方可食用。

神经精神型

99 华丽新牛肝菌（华丽牛肝菌）*Neoboletus magnificus*（W. F. Chiu）Gelardi et al.

【形态特征】 菌盖中等至大型，直径 5~11 cm，鲜红色、血红色至暗葡萄酒红色。菌肉黄色，受伤后变为蓝色。子实层体表面褐红色。菌管柠檬黄色，成熟后为黄褐色，受伤后迅速变为蓝色。菌柄近圆柱状，上部杏黄色，下部与菌盖同色，常有红色细小疣点。担孢子 9~13 × 4.5~6 μm，长椭圆形至近梭形。

【生境】 夏秋季生于亚热带针阔混交林中地上。

【分布】 中国西南地区。

【毒性】 生食有毒，可能致幻，煮熟后方可食用。

神经精神型

100　宽孢红孔牛肝菌 *Rubroboletus latisporus* Kuan Zhao et Zhu L. Yang

【形态特征】　菌盖中等至大型，直径 7~10 cm，血红色，湿时胶黏。菌肉白色至米色，受伤后立即变蓝色，之后缓慢恢复至本色。子实层体表面橘红色至黄色，受伤后立即变蓝色。菌管黄色至橄榄绿色，受伤后立即变蓝色，之后缓慢恢复至本色。菌柄表面黄色，被有褐色至土红色鳞片，上部被黄色网纹。担孢子 11~13 × 6~6.5 μm，椭圆形。

【生境】　夏秋季生于亚热带针叶林或针阔混交林中地上。

【分布】　中国西南地区。

【毒性】　生食有毒，可能致幻，煮熟后方可食用。

神经精神型

101 红孔牛肝菌（中华牛肝菌）*Rubroboletus sinicus*（W. F. Chiu）Kuan Zhao & Zhu L. Yang

【形态特征】 菌盖中等至大型，直径 6~10 cm，淡红色、砖红色至暗红色。菌肉米黄色，受伤后变淡蓝色或在局部地方变为淡蓝色。子实层体表面红色，受伤后变为蓝色。菌管淡黄色，受伤后变为蓝色。菌柄表面淡黄色至奶油色，顶端黄色，被红色网纹，受伤后先变为蓝色后变为近黑色。担孢子 10~13 × 5~6 μm，长椭圆形至近梭形。

【生境】 夏秋季生于亚热带针叶林或针阔混交林中地上。

【分布】 中国西南地区。

【毒性】 生食有毒，可能致幻，煮熟后方可食用。

第四节 胃肠炎型毒蘑菇

很多蘑菇误食后可引起胃肠炎型中毒,大部分产生器官损害的蘑菇也具有胃肠炎型症状。这里所指的毒蘑菇种类主要是只产生胃肠炎型中毒的种类,不包括产生其他器官损害的毒蘑菇种类。

引起胃肠道刺激的蘑菇种类很多,主要有蘑菇属 *Agaricus*、牛肝菌属 *Boletus*、青褶伞属 *Chlorophyllum*、粉褶菌属 *Entoloma*、赤褶菌属 *Rhodophyllus*、陀螺菌属 *Gomphus*、黏滑菇属 *Hebeloma*、湿伞属 *Hygrocybe*、垂幕菇属 *Hypholoma*、乳菇属 *Lactarius*、高大环柄菇属 *Macrolepiota*、类脐菇属 *Omphalotus*、鬼笔属 *Phallus*、鳞伞属 *Pholiota*、枝瑚菌属 *Ramaria*、红菇属 *Russula*、硬皮马勃属 *Scleroderma*、乳牛肝菌属 *Suillus*、口蘑属 *Tricholoma* 和粉孢牛肝菌属 *Tylopilus* 等。

102 细褐鳞蘑菇（灰鳞蘑菇）*Agaricus moelleri* Wasser（=*Agaricus praeclaresquamosus* Freeman）

【形态特征】 菌盖直径 6~7 cm，扁平状至伸展，中央有钝凸，污白色，成熟后常变为淡粉色，被灰色、深灰色鳞片，中央近黑色。菌肉白色。菌褶离生，初期粉红色，后变为粉褐色。菌柄长 6~7 cm，直径 5~8 mm，圆柱形，基部近球形，有边缘，白色，内部菌肉黄色。菌环上位至中位，膜质，大型，污白色。各部位伤后变黄色。担子 $18\sim20 \times 6\sim7\ \mu m$。担孢子 $4.5\sim5.5 \times 3\sim3.5\ \mu m$，椭圆形，光滑，褐色。

【生境】 夏秋季生于阔叶林中地上。

【分布】 中国大部分地区。

【毒性】 有毒，即使煮透后食用也能引起胃肠炎症状。

胃肠炎型

103 黄斑蘑菇 *Agaricus xanthodermus* Genev.

【**形态特征**】 菌盖直径 4~8 cm，初时凸镜形或近方形，后渐平展；表面污白色，中央带淡棕色，光滑；边缘内卷，浅黄色。菌肉白色。菌褶淡粉色至黑褐色，较密，离生。菌柄长 5~15 cm，直径 1~2 cm，圆柱形，近基部膨大，白色，光滑，幼时实心，成熟后空心，基部球形膨大处黄色。菌环中上位，膜质。担孢子 5~6.5 × 3~4.5 μm，椭圆形，光滑，棕褐色。

【**生境**】 夏秋季单生于林中地上、草地上、花园中。

【**分布**】 主要在中国西北、青藏等地区。

【**毒性**】 有毒，能引起胃肠炎症状。这有可能是蘑菇属中毒性最强的种类，能引起严重的呕吐、肠道痉挛、出汗、腹泻等症状。通常食用后约 1 h 发作，需要一天左右的时间才可大致恢复。

104　假红柄薄瓤牛肝菌 *Baorangia pseudocalopus*（Hongo）G. Wu & Zhu L. Yang

【形态特征】　菌盖中等至大型，直径 5~14 cm，密被灰红色、灰褐色至红灰色的绒状鳞片，边缘稍内卷。菌肉淡黄色，受伤后缓慢变为淡蓝色。子实层体表面淡黄色，受伤后快速变为灰蓝色，与菌盖菌肉的厚度相比，子实层体明显浅薄。菌柄顶部黄色并有网纹，中部及下部紫红色至淡紫红色。担孢子 9~12.5 × 4~5 μm，近梭形。

【生境】　夏秋季生于亚热带针叶林或针阔混交林中地上。

【分布】　中国华中和西南地区。

【毒性】　有毒。

胃肠炎型

105　毡盖美牛肝菌 *Caloboletus panniformis*（Taneyama & Har. Takah.）Vizzini

【形态特征】　菌盖中等至大型，直径 6~12 cm，密被灰褐色、褐色至红褐色的毡状至绒状鳞片，边缘表皮稍延伸。菌肉黄色至淡黄色，逐渐变淡蓝色，味苦。子实层体表面幼时米色，成熟后黄色至污黄色，受伤后快速变为蓝色。菌柄向下变粗，顶部污黄色，中下部密被红褐色至红色细小鳞片，上半部有时被网纹，基部菌丝淡黄色至污白色。担孢子 11~16×4~6 μm，近梭形。

【生境】　夏秋季生于亚高山针叶林或针阔混交林中地上。

【分布】　中国西南和西北地区。

【毒性】　有毒。

106 大青褶伞（铅青褶伞、铅绿褶菇）*Chlorophyllum molybdites*（G. Mey.）Massee

【形态特征】 菌盖直径 5~25 cm，白色，半球形、扁半球形，后期近平展，中部稍突起，幼时表皮暗褐色或浅褐色，逐渐裂变为鳞片；中部鳞片大而厚，呈褐紫色，边缘渐少或脱落。菌肉白色或带浅粉红色，松软。菌褶离生，宽，不等长，初期污白色，后期浅绿色至青褐色或淡青灰色，褶缘有粉粒。菌柄长 10~28 cm，直径 1~2.5 cm，圆柱形，污白色至浅灰褐色，纤维质，菌环以上光滑，菌环以下有白色纤毛；基部稍膨大，空心；菌柄菌肉伤后变褐色，干时有芳香气味。菌环上位，膜质，可移动。担孢子 8~12×6~8 μm，宽卵圆形至宽椭圆形，光滑，近无色至淡青黄色，具平截芽孔。

【生境】 夏秋季群生或散生，喜于雨后在草坪、蕉林地上生长。

【分布】 中国内蒙古、华南地区。

【毒性】 该菇是华南等地引起中毒事件最多的毒蘑菇种类之一，主要引起胃肠严重不适，对肝等脏器和神经系统等也能造成损害。

胃肠炎型

107 拟乳头状青褶伞 *Chlorophyllum neomastoideum*（Hongo）Vellinga

【形态特征】 菌盖中等至大型，直径 6~10 cm，白色至污白色，中央乳头状凸起，具表面褐色鳞片，中央的鳞片完整而平滑，周围的鳞片细小而易脱落。菌褶幼时白色，成熟时米色，受伤变为红褐色。菌柄初期近白色，后期淡褐色至深褐色，内部中空，基部膨大。菌环上位，膜质，小，宿存。菌肉近白色，伤后变为红褐色。担孢子 7~9（9.5）×5~6 μm，侧面观近椭圆形至杏仁形，背腹观近卵形，顶端具平截芽孔，壁厚，光滑。

【生境】 夏秋群生于竹林中或林地上。

【分布】 中国华东等地区。

【毒性】 有毒。2014 年 8 月 20 日在浙江省德清县发生 1 起 5 人中毒事件。

108 佛手笼头菌 *Clathrus archeri* (Berk.) Dring

【形态特征】 菌蕾宽 1.5~2 cm，高 1.8~2.5 cm，卵形，白色，有糠麸状附属物。成熟时菌柄和托臂伸出孢托。菌柄短柱形，空心。托臂长 3~7 cm，近柱形，末端常渐尖，呈近锥形，2~5 根，顶端红色，初期顶端相连，随后分离。孢体生于托臂的内侧表面，暗青黄褐色至近灰黑色，黏，有臭味，干后暗青灰褐色至近灰黑色。担孢子 5~6 × 2~2.5 μm，长椭圆形，光滑，无色至浅青黄色。

【生境】 夏秋季单生或散生于阔叶林中地上。

【分布】 中国华中、华南等地区。

【毒性】 一般视为毒菌或怀疑有毒。能引起胃肠炎症状。

胃肠炎型

109　红笼头菌福岛变型 *Clathrus ruber* f. *kusanoi* Kobayasi

【形态特征】 子实体直径 3~7 cm，中型或大型。菌蕾球形，白色，以菌丝束结构固定在地上。孢托卵圆形至近球形，高 6~20 cm，直径 5~25 cm，笼头状，红色，海绵质，网格五角形，外侧平滑至有皱，内侧不平整，具带臭味的暗橄榄褐色黏液状孢体。担孢子 5~6.5×2.5~3 μm，椭圆形至杆形，光滑、无色。

【生境】 春秋季生于林地上、山坡草地上。

【分布】 中国华中、华南等地区。

【毒性】 一般视为毒菌或怀疑有毒。能引起胃肠炎症状。

胃肠炎型

110　棒瑚菌 *Clavariadelphus pistillaris*（L.）Donk

【形态特征】 子实体高 10~30 cm，直径 1~3 cm，棒形，不分枝，顶部钝圆，幼时光滑，后渐有纵条纹或纵皱纹，向基部渐渐变细，直或稍弯曲，土黄色，后期赭色或带紫褐色，向下色渐变浅。菌肉白色，松软，有苦味。柄部细，污白色。担孢子 10~11.5×6~8 μm，椭圆形，光滑，无色。

【生境】 夏秋季散生于阔叶林中地上。

【分布】 中国东北与西北地区。

【毒性】 有毒。

胃肠炎型

111　晶粒小鬼伞 *Coprinellus micaceus*（Bull.）Vilgalys et al.

【形态特征】 菌盖直径 2~4 cm，初期卵形至钟形，后期平展，成熟后盖缘向上翻卷，淡黄色、黄褐色、红褐色至赭褐色。幼时有白色的颗粒状晶体，后渐消失。菌肉近白色至淡赭褐色，薄，易碎。菌褶初期米黄色，后转为黑色，成熟时缓慢自溶。菌柄长 3~8.5 cm，直径 0.2~0.5 cm，淡黄色，脆。担孢子 7~10 × 5~6 μm，椭圆形，光滑，灰褐色至暗棕褐色，顶端具平截芽孔。

【生境】 春至秋季丛生或群生于阔叶林中树根部地上。

【分布】 中国各地。

【毒性】 有毒。

胃肠炎型

112 墨汁拟鬼伞 *Coprinopsis atramentaria*（Bull.）Redhead et al.

【形态特征】 菌盖直径 3.5~8.5 cm，初期卵圆形，后渐展开呈钟形至圆锥形，老时盖缘上卷，开伞时液化流墨汁状汁液，有褐色鳞片。菌肉薄，灰白色。菌褶弯生，密，灰白色至灰褐色、黑色。菌柄长 3.5~8.5 cm，直径 0.6~1.2 cm，白色至灰白色，空心。担孢子 7.5~10×5~6 μm，椭圆形至宽椭圆形，光滑，深灰褐色至黑褐色，具有明显的芽孔。

【生境】 春至秋季在林中、田野、路边、村庄、公园等地下有腐木的地方丛生。

【分布】 中国各地。

【毒性】 有毒。

113　毛头鬼伞 *Coprinus comatus*（O. F. Müll.）Pers.

【形态特征】　菌盖高 6~11 cm，宽 3~6 cm，幼期圆筒形，后呈钟形，淡土黄色，表皮开裂成平伏而反卷的鳞片。菌肉白色，中央厚，四周薄。菌褶初白色，后变为粉灰色到黑色，后期与菌盖边缘一同自溶为墨汁状。菌柄长 7~25 cm，直径 1~2 cm，圆柱形，基部纺锤状并深入土中，光滑，白色，中空，近基部渐膨大并向下渐细。菌环白色，膜质，易脱落。担孢子 12.5~19 × 7.5~11 μm，椭圆形，光滑，黑色。

【生境】　夏秋季群生或单生于草地、林中空地、路旁或田野上。

【分布】　中国东北、华北、华中、西南等地区。

【毒性】　有毒。

胃肠炎型

114 黄裙竹荪 *Dictyophora multicolor* Berk. et Broome

【形态特征】 菌蕾高 4~5 cm，直径 3~4 cm，卵形至近球形，奶油色至污白色，无臭无味，成熟后具菌盖、菌裙和菌柄。菌盖钟形，高可达 4 cm，基部直径可达 4 cm，顶端圆盘形。突起的网格边缘橘黄色至黄色，网格内具恶臭味暗褐色的黏液状孢体。菌柄长可达 12 cm，基部具根状菌索，基部直径可达 3 cm，初期白色，后期浅黄色，新鲜时海绵质，空心，干后纤维质。担孢子 3~3.9×1.4~1.9 μm，长椭圆形至短圆柱形，无色，壁稍厚，光滑，非淀粉质，弱嗜蓝。

【生境】 春夏季散生至群生于竹林下，偶尔也生于阔叶树林下。可药用。

【分布】 中国华中、华南等地区。

【毒性】 通常认为有毒，不宜食用；能引起头晕及胃肠炎症状。

115　白粉褶蕈 *Entoloma album* Hiroë

【形态特征】 菌盖直径 20~40 mm，斗笠形、锥形，顶部具显著长尖突或乳突，光滑或具纤毛，成熟后略具丝状光泽，具条纹或浅沟纹，可直达中部近 2/3 处，菌盖边缘整齐，近白色至黄白色，往往带淡青黄色。菌褶直生或弯生，与菌盖同色，较稀，宽达 5 mm，具 2 或 3 行小菌褶，褶缘略呈锯齿状，与褶面同色。菌柄中生，长 40~80 mm，直径 2~4 mm，圆柱形，光滑至具纤毛，白色至黄白色，有丝状细条纹，空心，基部稍膨大。菌肉近无色，薄。担子 40~65 × 9~17 μm，棒状，具 4 个担孢子小梗，有的具 2 个小梗。担孢子 7~9.5 μm，方形，壁厚。褶缘不育。褶缘囊状体 51~114 × 10~12.7 μm，近棒状至梭形，无色透明，薄壁。侧生囊状体未见。菌盖皮层菌丝平伏，菌丝圆柱形至近棒状，无色透明。无锁状联合。

【生境】 夏秋季单生、散生至群生于针阔混交林中地上。

【分布】 中国东北。

【毒性】 据记载有毒，能引起胃肠炎症状。

胃肠炎型

116　暗蓝粉褶蕈参照种 *Entoloma* cf. *chalybeum*（Pers.）Noordel.

【形态特征】　菌盖宽 1~3 cm，初凸镜形至圆锥形，然后平展到中凹，具辐射状条纹或小肋纹，以及纤毛及糠秕状附属物，蓝灰色、黑蓝色至暗紫蓝色，中部近黑色。菌肉近柄处厚 1~2 mm，白色至带浅粉紫色，伤后不变色。菌褶稍密，盖缘处每厘米 11~15 片，不等长，弯生到近直生，粉白至淡粉红色，近盖表面带蓝色。菌柄中生，长 2.5~3 cm，直径 2~3 mm，紫蓝色或与盖同色。担孢子 8.5~12.5 × 8~8.5 μm，五角形至六角形，淡粉红色。无囊状体。

【生境】　长于路边地上。

【分布】　中国华南地区。

【毒性】　可能有毒。应避免食用它及其近缘种。

胃肠炎型

117 变绿粉褶蕈 *Entoloma incanum*（Fr.）Hesler

【形态特征】 菌盖直径 10~15 mm，凸镜形或近钟形，中部具脐凹，黄绿色、绿褐色至浅黄褐色带绿色色调，有直达中部的放射状条纹，光滑或被微细鳞片。菌褶直生，较稀至较密，初白色，成熟后粉色或污粉色，宽达 5 mm，褶缘与褶面同色。菌柄中生，长 30~60 mm，直径 2~3 mm，圆柱形，中空，黄绿色，伤后变蓝绿色，基部具白色菌丝。菌肉白色，薄。担孢子 11~14 × 8~10 μm，不规则多角形，一般 6~8 角，异径。担子 32~58 × 13~14.5 μm，棒状，具 4 个担子小梗，有明显的颗粒状内含物，基部无锁状联合。褶缘可育。无侧生囊状体和褶缘囊状体。菌盖皮层菌丝平伏，菌丝圆柱形，直径 3~12 μm，末端细胞棒状，略膨大，具浅黄色胞壁色素。无产乳菌丝和锁状联合。

【生境】 散生或群生于阔叶林中地上。

【分布】 中国西南及西北地区。

【毒性】 据记载有毒，能引起胃肠炎症状。

胃肠炎型

118 方孢粉褶蕈 *Entoloma murrayi*（Berk. & M. A. Curtis）Sacc.

【形态特征】 形态特征与白粉褶蕈基本相同，但菌盖、菌褶及菌柄等颜色为较明显的黄色。主要特征为子实体小型，菌盖圆锥形，顶端具明显尖突，光滑，浅黄色至黄色，具光泽，菌褶弯生至离生，担孢子方形，有大量无色透明的褶缘囊状体，菌盖皮层平伏，无锁状联合。

【生境】 夏秋季单生、散生至群生于针阔混交林中地上。

【分布】 中国华南、西南及东南等南方地区。

【毒性】 与白粉褶蕈毒性相同，能引起胃肠炎症状。

119　近江粉褶蕈（黄条纹粉褶蕈、奥米粉褶蕈）*Entoloma omiense* （Hongo）E. Horak

【形态特征】 菌盖宽 2.5~4 cm，初圆锥形，后斗笠形至近平展形，中部常具有稍尖或稍钝的凸起，灰黄色、浅灰褐色至浅黄褐色，有时带粉红色，具条纹，光滑。菌肉薄，白色。菌褶宽达 5~7 mm，直生，较密，薄，初白色，成熟后粉红色至淡粉黄色，具 2~3 行小菌褶。菌柄长 5~14 cm，直径 3~4 mm，圆柱形，近白色至与盖色接近，光滑，基部具白色菌丝体。担孢子 9.5~12.5 × 9~11.5 μm，等径至近等径，5~6 角，多 5 角，淡粉红色。

【生境】 单生或散生于竹林或其他林中的地上。

【分布】 华南、华中和西南地区均有分布。

【毒性】 食后 5~10 min 后即可引起严重的胃肠型中毒症状及一定的神经型中毒症状，即产生恶心、呕吐、腹泻、腹痛、严重头痛、口干、乏力、大腿抽筋等症状，食用较多的话还有口麻等麻木的感觉。广州于 2016 年 6 月发生了一起 4 人中毒事件，患者经 4 天治疗后出院。这是国内首次有关该毒蘑菇中毒事故的记录；但泰国早已有食用近江粉褶蕈（参照种）*Entoloma* cf. *omiense* （Hongo）E. Horak 中毒的报道（Boonpratuang et al.，2014）。

胃肠炎型

120　方形粉褶蕈（赭红赤褶菌）*Entoloma quadratum*（Berk. & M. A. Curtis）E. Horak

【形态特征】　菌盖直径 10~60 mm，圆锥形至近钟形，有时具明显的尖突，橙黄色、橙红色（鲑鱼颜色）至橙褐色，光滑，具条纹或沟纹。菌褶弯生或直生，较稀，宽达 3 mm，与菌盖同色，褶缘略呈波状，具 2 排小菌褶。菌柄中生，长 30~60 mm，直径 2~4 mm，圆柱形，中空，纤维质至脆骨质，具纵条纹，与菌盖同色。菌肉近柄处厚达 1 mm，与菌盖同色。气味和味道不明显。菌褶菌髓平行型，淡黄褐色。菌盖皮层菌丝平伏，略胶化，菌丝圆柱形，直径 5~17 μm，淡黄褐色。具有锁状联合。担孢子宽 7.5~10.5 μm，方形。担子 38~56 × 12~15 μm，棒形，具 4 个担子小梗，小梗长 4~6.5 μm。褶缘不育。褶缘囊状体 50~75 × 12~15 μm，圆柱形至棒形，多，无色。无侧生囊状体。

【生境】　单生至散生于阔叶林中地上。

【分布】　中国（广东、广西、海南、江西、台湾）、亚洲其他地区、北美洲。

【毒性】　有毒，能引起胃肠炎症状。

胃肠炎型

121 黑耳（黑胶耳）*Exidia glandulosa*（Bull.）Fr.

【形态特征】 担子体胶质，初期为瘤状突起，后扩展贴生，彼此联合，表面具小疣点突起，鲜时灰黑色至黑褐色，干后为一膜状黑色薄层。原担子近球形，成熟后下担子卵形，十字纵分隔，上担子近圆柱形。担孢子 $12~14 \times 4~5$ μm，腊肠形。

【生境】 夏秋季生于各种阔叶树腐木上。

【分布】 中国华北、东北、西北和西南地区。

【毒性】 有毒，往往被误当成木耳食用而中毒。

胃肠炎型

122　毛钉菇 *Gomphus floccosus*（Schwein.）Singer

【**形态特征**】　菌盖中等大小，直径 3~7 cm，喇叭状，黄色至橘红色，被红色鳞片，中央下陷至菌柄基部。菌褶不典型或缺如，子实层表面皱褶状，延生，污白色至淡黄色。菌柄污白色至淡黄色。担孢子 11~15×6~7.5 μm。

【**生境**】　夏秋季生于各种针叶林中地上。

【**分布**】　中国大部分地区。

【**毒性**】　对有些人有毒，建议不食用。

胃肠炎型

123　浅褐陀螺菌 *Gomphus fujisanensis*（S. Imai）Parmasto

【形态特征】 菌盖中等大小，直径 5~8 cm，喇叭状，蛋壳色，被淡褐色鳞片，中央下陷至菌柄基部。子实层皱褶状，污白色、米色至淡褐色。菌柄长 3~8 cm，直径 0.5~2 cm，污白色。担孢子 14~18 × 6~7.5 μm，椭圆形，表面稍粗糙。

【生境】 夏秋季生于各种针叶林中地上。

【分布】 中国大部分地区。

【毒性】 对有些人有毒，建议不食用。

胃肠炎型

124 东方陀螺菌 *Gomphus orientalis* R. H. Petersen & M. Zang

【形态特征】 菌盖小型至中等，直径 3~10 cm，淡褐色至淡紫色，被小鳞片，中央稍下陷。子实层皱褶状，淡褐色至淡紫色。菌柄短粗，长 1~3 cm，直径 1~2 cm，灰褐色带紫色色调。担孢子 10~16 × 4.5~7.5 μm，椭圆形，表面有疣。

【生境】 夏秋季生于亚高山针叶林中地上。

【分布】 中国西南地区。

【毒性】 对有些人有毒，建议不食用。

胃肠炎型

125　栗色圆孔牛肝菌 *Gyroporus castaneus*（Bull.）Quél.

【形态特征】　菌盖小型至中等，直径 3~6 cm，肉桂色至暗肉桂色，至边缘稍变淡，成熟后表皮龟裂。子实层体表面幼时米色至淡黄色，成熟后污黄色。菌柄不平滑，与盖表同色，被细小鳞片，内部菌肉松软至中空，基部有淡粉红色菌丝。担孢子 8.5~11.5 × 5.5~6.5 μm。

【生境】　夏秋季生于各种针叶林或针阔混交林中地上。

【分布】　中国大部分地区。

【毒性】　对有些人有毒，建议不食用。

胃肠炎型

126 大毒黏滑菇 *Hebeloma crustuliniforme* (Bull.) Quél.

【形态特征】 菌盖直径 3~7.5 cm，半球形至凸镜形，浅黄色、灰白色，湿时黏。菌肉厚，乳白色至白色，具有浓烈的萝卜味，微苦。菌褶近直生，密，浅土黄色至深灰黄色。菌柄长 3~5 cm，直径 1~1.5 cm，粗圆柱形，基部膨大，淡黄色或淡黄褐色。担孢子 $10\sim13\times6\sim7\ \mu m$，杏仁形，表面具小疣，无芽孔。

【生境】 单生或群生于阔叶林和针叶林中地上。

【分布】 中国东北、华北地区。

【毒性】 有毒。

127 大孢黏滑菇 *Hebeloma sacchariolens* Quél.

【形态特征】 菌盖直径 2.0~6.5 cm，半球形至开展，胶黏或黏滑，浅土黄色、灰黄色、土黄色。菌肉乳白色，微苦。菌褶近直生，稀，米黄色至淡黄褐色。菌柄长 3.5~5.2 cm，直径 0.3~0.7 cm，有时基部膨大，中空，黄褐色。担孢子 10~14 × 5.4~8.3 μm，淡黄色，表面具小疣，无芽孔。

【生境】 生于阔叶林和针叶林中地上，常与树木形成外生菌根。

【分布】 中国东北、华北、华东、西北地区。

【毒性】 有毒。

128 日本网孢牛肝菌 *Heimioporus japonicus*（Hongo）E. Horak

【形态特征】 菌盖宽 5~10 cm，幼嫩时为半球形，成熟后近扁平，菌盖酒红色至褐红色，表面平滑，湿时稍有黏性。菌管面及菌管亮黄色。菌柄大小为 6~13×7~12 mm，与菌盖同色，表面附有红色的网点。菌肉淡黄色，伤变青色。担孢子大小为 9.5~15×7~8 μm，椭圆形。

【生境】 春秋季生于林中地上。

【分布】 中国华南等地区。

【毒性】 有毒。

胃肠炎型

129 网孢海氏牛肝菌 *Heimioporus retisporus*（Pat. & C. F. Baker）E. Horak

【形态特征】菌盖中等大小，直径 4~10 cm，砖红色至红褐色。菌肉黄色，不变色或变色不明显。子实层弯生，菌管及管口黄色，不变色或微变蓝。菌柄顶部黄色，中下部红色至土红色，被明显紫红色至土红色网纹。担孢子 8~12 × 7.5~9 μm（不含纹饰），椭圆形至宽椭圆形，有不完整网纹。

【生境】夏秋季生于热带和亚热带阔叶林或针阔混交林中地上。

【分布】中国华东、华中、华南和西南地区。

【毒性】有毒，不可食用。引起肠胃炎症状和腹泻，中毒严重者会死亡。

胃肠炎型

130 厚瓢牛肝菌 *Hourangia cheoi*（W. F. Chiu）Xue T. Zhu & Zhu L. Yang

【形态特征】 菌盖小型至中等，直径 2~8 cm，污白色，密被红褐色、污褐色的颗粒状鳞片。菌肉污白色，伤后迅速变为蓝色，再变为红褐色，最后变为淡褐色至近黑色。子实层体表面黄色至污黄色，伤后迅速变为蓝色。菌管明显比菌盖菌肉深厚，黄色至污黄色，伤后变为蓝色。菌柄黄褐色至淡褐色。担孢子 10~12.5 × 4~4.5 μm。

【生境】 夏秋季生于亚热带针叶林或阔叶林中地上，有时长于树干下部。

【分布】 中国西南地区。

【毒性】 有些人食后有不良反应，建议避免采食。与本种有密切亲缘关系的芝麻厚瓢牛肝菌（芝麻牛肝菌）*Hourangia nigropunctata*（W. F. Chiu）Xue T. Zhu & Zhu L. Yang 也应该避免采食。

131 变黑湿伞 *Hygrocybe conica*（Schaeff.）P. Kumm.

【形态特征】 菌盖直径 2~7 cm，初期圆锥形，后渐伸展，中部锐突，胶黏，很快变干，外表皮常破裂为纤维状绒毛；盖边缘常破裂上翘；幼时中部红棕色或橙黄色，边缘色淡，成熟后变为橄榄灰色至黑色，伤后迅速变为黑色。菌肉薄，初期淡红棕色，渐变为灰黑色，伤后变黑色。菌褶离生，稍密，薄，污白色至橙黄色，老后黑色，边缘通常锯齿状。菌柄长 6~13 cm，直径 0.5~1.2 cm，空心，圆柱形，常扭曲，湿润或干，不黏，质地极脆，上部暗红色或橙黄色，基部污白色，伤后和老后变黑色。担孢子 10.5~13 × 5.5~8 μm，椭圆形，光滑，无色（这里介绍的是广义的变黑湿伞 *Hygrocybe conica*，可划分为不同的分类单元，颜色等特征略有不同，如下面各图）。

【生境】 单生、散生、群生或簇生于竹林等林中地上或禾本科草地上。

【分布】 中国各产区。

【毒性】 据记载有毒，能引起胃肠炎症状。

胃肠炎型

132 浅黄湿伞参照种 *Hygrocybe* cf. *flavescens*（Kauffman）Singer

【形态特征】 菌盖直径 2~4.5 cm，幼时半球形，成熟后平展或中部稍具脐凹，浅黄色至粉黄色，光滑，黏；菌盖边缘内卷，颜色较浅。菌褶附生，每菌盖具完全菌褶约 36 片，两片完全菌褶间具 1~4 片小菌褶，部分完全菌褶和小菌褶近菌盖边缘部分波状，蜡质，淡黄色，常比菌盖颜色浅。菌柄 20~30 × 5~7 mm，圆柱状或扁圆柱状，浅黄色至橙黄色，中生，光滑，偶有透明状绒毛。担孢子 7~8.5 ×（4）4.5~6 μm，椭圆形至宽椭圆形。担子 33~45 × 7~9 μm，棍棒状，常具 4 个担子梗，小梗长可达 8 μm。菌褶菌髓近规则型，菌丝细胞长大于 200 μm，宽 3~24 μm。菌盖皮层黏平伏状，菌丝细胞平行，细胞长大于 200 μm，宽 3~12 μm，圆柱形，末端细胞渐尖。具锁状联合。

【生境】 散生于竹和阔叶混交林地上。

【分布】 已知分布于中国江西。

【毒性】 据记载有毒，能引起胃肠炎症状。

133　红褐湿伞 *Hygrocybe spadicea*（Scop.）P. Karst.

【形态特征】 菌盖直径3~5 cm，初近钟形，后呈斗笠形，黄褐色，有褐色鳞片及细条纹。菌肉淡黄色，薄。菌褶黄色，弯生。菌柄长5~7 cm，直径0.5~0.7 cm，淡黄色，表面光滑，中空。担孢子无色，椭圆形，$9.0~11.0 \times 5.0~6.5$ μm。

【生境】 夏秋季于阔叶林中地上群生至丛生。

【分布】 中国华南地区。

【毒性】 建议不要食用。

134 朱黄湿伞 *Hygrocybe suzukaensis*(Hongo)Hongo

【形态特征】 子实体小。菌盖直径 2~5 cm，扁半球形至平展，表面橙红色，光滑，湿时黏。菌肉白色，薄。菌褶白色带黄色，直生近延生，稀。菌柄长 3~6 cm，直径 0.5~0.7 cm，同菌盖颜色，往往基部色浅或白色，表面平滑，空心。担孢子宽卵圆形，6.0~8.0×4.0~5.0 μm。

【生境】 夏秋季于林中地上群生或近丛生。

【分布】 中国西南、华南地区。

【毒性】 建议不要食用。

135　烟色垂暮菇 *Hypholoma capnoides*（Fr.）P. Kumm.

【形态特征】　菌盖直径 2~4 cm，半球形至平展，红褐色至赭褐色或浅橙褐色。菌肉白色至灰色。菌褶直生至弯生，白色至烟紫褐色，最后呈深葡萄紫褐色。菌柄长 3~8 cm，直径 2~7 mm，圆柱形，初期上部白色至黄白色，成熟后从基部向上逐渐变为棕褐色至锈褐色。担孢子 7~8 × 4.5~5 μm，椭圆形至稍椭圆形，光滑，淡紫褐或紫灰色。

【生境】　夏秋季丛生至簇生于针叶树腐木上或针阔混交林中腐木上。

【分布】　中国东北、西北、华中等地区。

【毒性】　有毒。

胃肠炎型

136　丛生垂暮菇 *Hypholoma fasciculare*（Huds.）P. Kumm.

【形态特征】　菌盖直径 0.3~4 cm，近半球形至平展，硫磺色至红褐色、橙褐色。菌肉浅黄色，较薄，味极苦。菌褶弯生，极密，硫磺色至橄榄绿色。菌柄长 1~5 cm，直径 0.1~0.4 cm，硫磺色、橙黄色至暗红褐色。担孢子 5.5~6.5×4~4.5 μm，椭圆形至长椭圆形，壁厚，浅黄褐色至黏土色，光滑，萌发孔平截。

【生境】　簇生至丛生于腐烂的针阔叶树伐木、木桩、腐倒木、腐烂的树枝上，或地下埋藏的腐木上。

【分布】　中国各地。

【毒性】　有毒。

胃肠炎型

137　砖红垂幕菇 *Hypholoma lateritium*（Schaeff.）P. Kumm.

【形态特征】　菌盖直径 1~9 cm，半球形至平展，浅茶褐色或红褐色至砖红色。菌肉较厚，味稍苦。菌褶弯生至稍直生，黄白色至灰白色、浅紫褐色。菌柄长 3~10 cm，直径 0.4~0.8 cm，黄白色。担孢子 6~7×4~5 μm，宽椭圆形至椭圆形，壁厚，萌发孔平截，浅黄褐色。

【生境】　晚夏和秋季丛生至簇生于腐烂的阔叶树倒木、树桩或埋地腐木上。

【分布】　中国各地。

【毒性】　有毒。

胃肠炎型

138 环纹苦乳菇 *Lactarius vellereus*（Fr.）Fr

【形态特征】 菌盖扁圆形，后中央下凹，近漏斗形，宽 4~15 cm，暗土黄色至污橘黄色，有同心环纹，稍黏。菌肉白色，乳汁白，不变色。菌褶近延生，不等长，褶间有横脉，幼时白色，老后米黄色。菌柄近柱形，等粗或向下稍细，短粗，长 3.5~6.5 cm，直径 1~1.6 cm，污白色，内松软，后变中空。担孢子印白色，担孢子无色，近球形，有网纹，大小为 9.0~10.5×7.5~9.5 μm。

【生境】 夏秋季生于阔叶林或混交林中地上，单生至群生。

【分布】 中国华北、西北、西南、华南等地区。

【毒性】 有毒。味苦，麻辣。中毒后恶心、头晕。

139 绒盖乳菇（绒白乳菇）*Lactarius vellereus*（Fr.）Fr.

【形态特征】 菌盖白色，有细绒毛，直径5~15 cm，不黏，中央脐状，后下凹成漏斗状，边缘往往内卷，后平展并上翘。菌肉白色或稍带浅黄褐色；乳汁白色，不变色，味苦。菌褶新鲜时白色，老后浅土黄色，厚，稀，不等长，有时分叉，稍延生。菌柄长3~5 cm，直径1~2 cm，白色，有绒毛，短圆柱形，实心，稍偏生。担孢子无色，有疣和网纹，近球形，大小为 10.0~13.0×9.0~$12.0\ \mu m$。

【生境】 夏秋季生于阔叶林中地上。

【分布】 中国东北、西北、华东、华中地区。

【毒性】 记载有微毒。

胃肠炎型

140　轮纹乳菇 *Lactarius zonarius*（Bull.）Fr.

【形态特征】 子实体较小至中等。菌盖直径 3~8 cm，扁半球形至扁平，中部下凹，浅橙黄色或土黄色，有环纹，湿时稍黏，边缘平整稍内卷。菌肉浅土黄色或肉粉黄色，质脆而硬；乳汁白色，不变色。菌褶白色至浅黄色，直生至延生，稍密。菌柄长 2~5 cm，直径 0.7~1.2 cm，较菌盖颜色浅，向下部稍变细。担孢子疣刺联结成网，近球形或宽椭圆形，$5.0~7.0 \times 4.5~5.5$ μm。

【生境】 夏秋季于阔林中地上散生。

【分布】 中国各地。

【毒性】 味道差，不宜食用。

胃肠炎型

141 纯黄白鬼伞 *Leucocoprinus birnbaumii*（Corda）Singer

【形态特征】 菌盖宽 1.2~3.7 cm，种子形，后平展，中央脐凸形，肉质，浅黄色，中部橘黄色至黄色，黏或干，上覆灰白色块状鳞片和绒毛，边缘有条纹，撕裂，波状。菌肉淡黄色，厚 0.5~1.5 mm，无味道和气味。菌褶白色或黄色，盖缘处每厘米 5~11 片，不等长，离生或直生，褶缘平滑。菌柄长 4.5~9 cm，直径 2~4 mm，中生，圆柱形，具球茎状膨大基部，淡黄色至黄色，上有绒毛，空心。菌环位于中上部，单环，易脱落。担孢子卵圆形至广椭圆形，大小为 8~10×6~7.5 μm，光滑，有芽孔，芽孔处略下陷，无色至淡黄色，类糊精质，内含 1 个中生大油球。

【生境】 夏秋季群生或散生于林中地上或家中花盆中。

【分布】 中国华南等地区。

【毒性】 有毒。

胃肠炎型

142　肥脚白鬼伞 *Leucocoprinus cepistipes*（Sowerby）Pat.

【形态特征】　子实体较小。菌盖直径 4~7 cm，白色至蛋黄色，扁半球形，菌盖展开后中央明显凸起，具有细小、松软易脱落的污白色鳞片，中部凸起部分颜色深，边缘有条棱。菌肉白色，味苦，很薄。菌褶白色，离生，稍密，不等长。菌柄棒形，内部空心，白色至淡黄色，基部膨大成球形，杵状，具菌环，长 3~8 cm。担孢子无色，光滑，卵圆形至椭圆形，大小为 $6\sim8 \times 4\sim5$ μm。

【生境】　群生于林中地上、路边或菜地。

【分布】　中国华北、华南地区。

【毒性】　有毒。2011 年 9 月湖南桂阳县发生一起 5 人中毒事件，表现为胃肠炎型症状。

胃肠炎型

143 蛇头菌 *Mutinus caninus*（Huds.）Fr.

【形态特征】 子实体高 6~10 cm。菌盖鲜红色，与菌柄无明显界限，圆锥形，顶端具小孔，长 1~2 cm，近平滑或有疣状突起，其上具暗绿色黏稠并有腥臭气味的孢体。菌柄上部粉红色，向下部渐变白色。菌托高 1.5~3.5 cm，直径 0.6~1.2 cm，卵圆形至近椭圆形，白色。担孢子 3~5.5 × 1.3~1.9 μm，长椭圆形，无色。

【生境】 夏秋季单生或散生于林中地上。

【分布】 中国东北、华北等地区。

【毒性】 有毒。

胃肠炎型

144 土黄沿丝伞（土黄韧伞）*Naematoloma gracile* Hongo

【形态特征】 子实体小或较小。菌盖直径 2~4 cm，初期半球形，后渐平展，土黄色或深橙红色，边缘色渐淡，表面有纤毛。菌肉淡黄色。菌褶黄色至灰褐色，直生，中等密，不等长。菌环呈丝膜状。菌柄长 3~6 cm，直径 0.2~0.4 cm，上部黄白色，下部黄褐色，纤维质，表面附纤毛，质地较韧。担孢子淡褐色，光滑，卵圆形至椭圆形，大小为 7.0~8.5 × 4.5~5.5 μm。

【生境】 夏秋季生于针叶树林中枯枝落叶层上。

【分布】 中国西南、华中地区。

【毒性】 有毒。

胃肠炎型

145　有毒新牛肝菌 *Neoboletus venenatus*（Nagas.）G. Wu & Zhu L. Yang

【形态特征】　菌盖中等至大型，直径 8~15 cm，黄褐色至褐黄色，有绒质感，边缘表皮稍延伸。菌肉黄色至米黄色，伤后迅速变暗蓝色。子实层体表面淡黄色，伤后先变为蓝色后转为褐色。菌管淡黄色至黄褐色，伤后稍变为蓝色。菌柄淡黄色，近光滑，仅顶部有不清晰的网纹；基部有黄色菌丝。担孢子 13~16×4.5~5.5 μm，长椭圆形至近梭形。

【生境】　夏秋季生于亚热带山地针叶林中地上。

【分布】　中国西南地区。

【毒性】　有毒。

胃肠炎型

146 洁丽新香菇 *Neolentinus lepideus*（Fr.）Redhead & Ginns

【形态特征】 菌盖直径 5~16 cm，半圆柱形或扁半球形，渐平展或中部下凹，乳白色至浅黄褐色或淡黄色，有深色或浅色大鳞片，边缘钝，有时开裂或波状。菌肉白色至奶油色，干后软木质。菌褶表面白色至奶油色，干后黄褐色，直生或延生至菌柄，宽，稍稀，不等长，褶缘锯齿状。菌柄长 4~7 cm，直径 0.8~3 cm，偏生，近圆柱形，有膜状绒毛，上部奶油色至浅黄色，基部浅褐色，有褐色至黑褐色鳞片。担孢子 9~13 × 3.5~5.5 μm，近圆柱形，薄壁。

【生境】 夏秋季生于针叶树的腐木上，近丛生。

【分布】 中国各地。

【毒性】 有毒。

胃肠炎型

147　鞭囊类脐菇 *Omphalotus flagelliformis* Zhu L. Yang & B. Feng

【形态特征】　菌盖中等大小，直径 4~8 cm，成熟时漏斗型，有时中央有一小凸起，红褐色至褐色。菌肉橘黄色，有不明显的鱼腥味。菌褶淡橘红色至橘黄色。菌柄淡橘红色至橘黄色。担孢子 4~5.5 × 3.5~4.5 μm。

【生境】　夏秋季生于亚热带地表腐殖质或腐木上。

【分布】　中国西南地区。

【毒性】　有毒，误食会导致肠胃不适。

148 日本类脐菇（月夜菌）*Omphalotus japonicus* (Kawam.)Kirchm. & O. K. Mill.

【**形态特征**】 菌盖宽 6~23 cm。初期圆球形，后平展呈扇形、肾形或半圆形，菌盖边缘微下卷，表面橙黄色、肉桂色，近中央处有鳞片散生，中央暗紫色，组成不规则的斑纹，有棉絮状鳞片相间，有裂纹。菌肉淡黄色，新鲜子实体有令人不悦的气味。菌褶达 2 cm，脆，纤维质，切开后基部有黑点，弯曲，近柄处下延。菌柄侧生，长 1.5~2 cm，直径 2.5~4 cm。担孢子直径 13~18 μm，球形，光滑，无色。

【**生境**】 叠生于山毛榉或栎树枯干上。
【**分布**】 中国东北地区。
【**毒性**】 有毒。

149 褶侧盘菌 *Otidea cochleata*（L.）Fuckel

【形态特征】 子囊盘宽 3~5 cm，侧生，边缘向内卷呈耳形。子实层表面褐黄色或浅褐色至浅灰褐色，表面平滑。囊盘被颜色与子实层表面接近，常带淡紫色色泽，有绒毛。子囊 185~220×11~14 μm，长圆形，具 8 个子囊孢子，单行排列。子囊孢子 17~20×9~11 μm，卵形或椭圆形，光滑，内含 2 个油滴。

【生境】 夏秋季丛生于林中地上或苔藓中。

【分布】 中国东北、西北、青藏等地区。

【毒性】 有毒。

胃肠炎型

150 林地盘菌 *Peziza arvernensis* Roze & Boud

【形态特征】 子囊盘较小,碗形,直径 3~6 cm,成熟时边缘不外翻。子实层表面褐色,外部奶油色,逐渐变为淡褐色,有粉状物。菌肉白色,质脆。子囊 260~280×11~15 μm,含 8 个孢子,单行排列。子囊孢子无色,光滑,大小为 15~18×8~11 μm。侧丝呈线形,细长,上端稍粗,直径 3~6 μm。

【生境】 夏秋季于林中地上单生或群生。

【分布】 中国东北、华北、西北、西南、华东、华中地区。

【毒性】 建议不要食用。

151 疣孢褐盘菌 *Peziza badia* Pers.

【形态特征】 子囊盘宽 3~7 cm，浅碟形，不规则起伏，无柄。子实层表面深黄褐色。囊盘被红棕色，表面似糠状，近边缘粗糙更明显。菌肉薄，易碎，红棕色。子囊 300~330 × 15 μm，具 8 个子囊孢子。子囊孢子 17.5~18 × 10~11 μm，椭圆形，透明，表面有不规则网状纹，内含 2 个油滴。

【生境】 夏秋季群生于林中地上。

【分布】 中国东北、西北地区。

【毒性】 建议不要食用。

152　红鬼笔 *Phallus rubicundus*（Bosc）Fr.

【形态特征】　菌盖钟状至近锥形，高 1.5~2 cm，直径 1~1.5 cm，红色至橘红色，表面近平滑；孢体橄榄褐色。菌柄上部红色、洋红色至粉红色，下部色较淡。菌托近球形，直径 1.5~2.5 cm，外表污白色。担孢子 3.5~4.5 × 1.5~2 μm。

【生境】　夏秋季生于各种林中地上或草坪上。

【分布】　中国大部分地区。

【毒性】　有毒。

胃肠炎型

153 黄鬼笔 *Phallus tenuis*（Fisch.）O. Kuntz.

【形态特征】 菌盖钟状至近锥形，高 2~3 cm，直径 1~2 cm，黄色，顶端近平截，表面有网格；孢体橄榄褐色。菌柄黄色至硫磺色。菌托近球形，直径 1.5~2.5 cm，外表污白色至淡褐色。担孢子 2.5~3.5 × 1~2 μm。

【生境】 夏秋季生于针叶林或阔叶林中地上或腐殖质上。

【分布】 中国大部分地区。

【毒性】 有毒。

胃肠炎型

154　桤生鳞伞 *Pholiota alnicola*（Fr.）Singer

【形态特征】　菌盖直径 3~7 cm，初期扁半球形，后期平展，湿时稍黏，棕色或深肉桂色。菌肉黄色，伤后不变色。菌褶直生或稍弯生，初期灰白色或浅黄色，后期锈褐色。菌柄长 6~10 cm，直径 0.5~1.1 cm，黄褐色至深褐色。菌环白色，易脱落。担孢子 8~10.5×5~6 μm，卵圆形至椭圆形，光滑，黄褐色至锈褐色。

【生境】　夏秋季群生、丛生于针阔混交林中朽木上。

【分布】　中国东北、西北、华中、华南等地区。

【毒性】　有毒。

155 黄鳞伞 *Pholiota flammans*（Batsch）P. Kumm.

【形态特征】菌盖直径 3~8 cm，初期扁半球形，后期平展，表面黏，柠檬黄色至橙黄色，具反卷的纤毛鳞片。菌肉硫磺色。菌褶直生，初期硫磺色，后期锈色。菌柄长 4~11 cm，直径 0.5~0.8 cm，柠檬黄色。菌环上位，黄色，膜质。担孢子 4~5 × 2.5~3 μm，椭圆形，光滑，黄褐色。

【生境】夏秋季丛生于针叶树倒木、枯立木、原木和伐木上。

【分布】中国东北、华中、华南等地区。

【毒性】有毒。

胃肠炎型

156　烧地鳞伞 *Pholiota highlandensis*（Peck）Quadr. & Lunghini

【形态特征】　菌盖直径 2~5 cm，凸镜形，后期渐平展，表面黏，黄褐色或红褐色。菌肉薄，黄色至与菌盖同色。菌褶直生或弯生，灰白色至浅黄色，渐变为肉桂褐色。菌柄长 3~6 cm，直径 0.3~0.5 cm，黄白色至污褐色。菌环浅黄色至浅肉桂色，易脱落。担孢子 6~8 × 4~4.5 μm，椭圆形至卵圆形，光滑，芽孔不明显，黄褐色。

【生境】　生于火烧迹地上。

【分布】　中国西南、华中地区。

【毒性】　有毒。

157 黏皮鳞伞 *Pholiota lubrica*（Pers.）Singer

【形态特征】 菌盖直径 4~7 cm，初期扁半球形至半球形，后期平展，湿时胶黏，中部红褐色，边缘土黄色，具黄色胶质化的软毛鳞片。菌肉灰白色，坚韧。菌褶弯生、直生至稍延生，密，初期淡色，后期赭色。菌柄长 5~8 cm，直径 0.4~0.6 cm，褐色，表面具纤毛。菌环丝膜状，易脱落。担孢子 6~7.5 × 3~4 μm，椭圆形，光滑，淡黄褐色。

【生境】 秋季群生于针阔混交林中腐枝落叶层上或腐木上。

【分布】 中国东北、华中等地区。

【毒性】 有毒。

胃肠炎型

158 翘鳞伞 *Pholiota squarrosa*（Vahl）P. Kumm.

【形态特征】 菌盖直径 3~9 cm，初期钟形至扁半球形，后期平展，锈黄色至黄褐色，具反卷的红褐色毛状鳞片。菌肉淡黄色。菌褶直生，淡黄色渐变为锈褐色。菌柄长 4~12 cm，直径 0.4~1.5 cm，圆柱形，有反卷纤毛状鳞片。菌环纤维质，暗褐色。担孢子 6~9×4~5 μm，椭圆形，光滑，黄褐色。

【生境】 夏秋季丛生于针叶树、阔叶树的倒木、树桩基部。

【分布】 中国东北、华北、华中等地区。

【毒性】 有毒。

159　尖鳞伞 *Pholiota squarrosoides*（Peck）Sacc.

【形态特征】 菌盖直径 3~8 cm，初期扁半球形，渐突起呈半球形，湿时黏，浅土黄色至黄褐色，具肉桂色至栗褐色直立尖头的鳞片。菌肉厚，带黄色。菌褶直生，初期淡黄色。菌柄长 5~12 cm，直径 0.5~1.2 cm，具栗褐色或浅朽叶色棉绒状纤毛鳞片。菌环淡褐色，膜质，易脱落。担孢子 4~5 × 2~3.5 μm，椭圆形，光滑，黄褐色。

【生境】 夏秋季散生或丛生于阔叶树腐木或木桩上。
【分布】 中国东北、华北、华中等地区。
【毒性】 有毒。

胃肠炎型

160　地鳞伞 *Pholiota terrestris* Overh.

【形态特征】　菌盖直径 2~8 cm，钝凸镜形至稍平展，淡黄褐色、褐色至近褐色，具近褐色纤维状鳞片。菌肉厚，鲜黄褐色至褐色。菌褶直生，密，肉桂色至赭褐色。菌柄长 3~8 cm，直径 0.4~0.8 cm，黄色至近褐色。菌环上位。担孢子 5~7 × 3.5~5 μm，椭圆形至卵圆形，有芽孔，光滑，黄褐色，非淀粉质。

【生境】　春至秋季丛生于林内或路旁地上。

【分布】　中国东北、华中等地区。

【毒性】　有毒。

161　黄粉末牛肝菌 *Pulveroboletus ravenelii*（Berk. & M. A. Curtis）Murrill

【形态特征】　菌盖小型至中等，直径 3~6 cm，干，湿时稍黏，被柠檬黄色至褐黄色粉末状鳞片，常开裂形成不规则的鳞片状，成熟后菌盖边缘有黄色鳞片。菌肉淡黄色，受伤后变为蓝色。菌管初期青黄色，成熟后呈淡黄褐色，伤后不变色或变为淡蓝色。菌柄被有与菌盖同色的粉末状鳞片。担孢子 8~14 × 4~6 μm。

【生境】　夏秋季生于亚热带针叶林或针阔混交林中地上。

【分布】　中国华东、华中、华南和西南地区。

【毒性】　有毒。

胃肠炎型

162　黄枝瑚菌 *Ramaria flava*（Schaeff.）Quél.

【**形态特征**】　子实体大型，高 10~15 cm，宽 10~18 cm。柄显著，大小为 4~6 × 3~4 cm，白色，具不育枝；分枝多而密集，基部近白色，向上渐变为粉黄色；枝顶亮黄色。菌丝无锁状联合。担孢子椭圆形，表面粗糙，大小为 8~12 × 4.5~6.0 μm。

【**生境**】　夏秋季生于阔叶林（壳斗科）中地上，单生。

【**分布**】　中国西南、华中地区。

【**毒性**】　不建议食用，味道略苦。

163　美丽枝瑚菌 *Ramaria formosa*（Pers.）Quél.

【形态特征】 子实体中到大型，高 8~12 cm，宽 5~7 cm。菌柄单生，粗大，大小为 3~5 × 2~3 cm，白色，表面光滑；分枝多歧，4 或 5 回，鲑肉粉色；枝顶较尖，亮橙黄色。干子实体轻而易碎。菌丝具锁状联合。担孢子椭圆形，表面粗糙，具明显的疣，大小为 10~12 × 3.5~5.0 μm。

【生境】 夏秋季生于阔叶林（壳斗科）中地上，单生。

【分布】 中国西南、华南地区。

【毒性】 国外有中毒报道。

胃肠炎型

164 密褶红菇 *Russula densifolia* Secr. ex Gillet

【形态特征】 子实体中等大。菌盖直径 5~10 cm，初扁半球形，后中部下凹，呈浅漏斗形，初期污白色，后变为灰褐色、褐色、黑褐色，边缘内卷，后伸展，无条纹。菌肉白色，伤后变红色，进一步变黑色。菌褶白色，直生，很密，伤后变色与菌肉同。菌柄长 2~5 cm，直径 1~2 cm，与菌盖同色。担孢子印白色，担孢子有小疣和网纹，近球形，大小为 $7.0{\sim}9.0 \times 6.0{\sim}8.0$ μm。

【生境】 夏秋季于阔叶林或混交林中地上群生，分布广泛。

【分布】 中国各地。

【毒性】 可食，但也有中毒的报道，应慎食。与剧毒的亚稀褶红菇形态上极为相似。

胃肠炎型

165 毒红菇 *Russula emetica*（Schaeff.）Pers.

【形态特征】 子实体中等大。菌盖直径 5~9 cm，菌盖扁半球形，后变平展，老时下凹，浅粉红色至珊瑚红色，边缘色较淡，有棱纹，表皮易剥离，表面黏。菌肉薄，白色，近表皮处红色，味辛辣。菌褶直生，较稀，等长，纯白色，褶间有横脉。菌柄圆柱形，长 3~6 cm，直径 1~2 cm，白色或粉红色，内部松软。担孢子印白色，担孢子无色，有小刺，宽椭圆形或近球形，大小为 $8.0~11.0 \times 7.0~9.0$ μm。

【生境】 夏秋季松树林或阔叶林中地上单生或散生。

【分布】 中国各地分布广泛。

【毒性】 有毒。

胃肠炎型

166　臭黄菇 *Russula foetens*（Pers.）Pers.

【形态特征】 担子果中等大。菌盖宽 5~9 cm，初期近球形，后扁半球形至平展，中部稍下凹，土黄色至浅黄褐色，往往中部土褐色，表面黏，盖缘初时内卷，后平展，有由小疣组成的明显棱纹，不时龟裂成不规则的块斑。菌肉污白色，表皮下带土黄白色，脆，味辣。菌褶近弯生，稍密，不等长，分叉，褶间有横脉，白色，往往出现褐色点或斑。菌柄长 4~9 cm，直径 1.2~2.5 cm，近圆柱形，污白色，老后有褐色斑痕。担孢子近球形，有小刺，大小为 9.0~12.0 × 8.0~11.0 μm。

【生境】 生于阔叶林中地上。

【分布】 中国各地。

【毒性】 有毒。

167　日本红菇 *Russula japonica* Hongo

【形态特征】 子实体中等至大型。菌盖直径 6~13 cm，中央下凹，脐状，后伸展近漏斗状，边缘反卷，白色至污白色，表面常具浅褐色鳞状物。菌肉较厚，白色，不变色。菌褶直生，不等长，窄，很密，近白色，伤后不变色。菌柄白色，短，4~6 cm，实心。担孢子有小疣和网纹，近球形，大小为 7.0~9.0 × 6.0~8.0 μm。

【生境】 夏秋季在阔叶林地上群生或单生。

【分布】 中国华中、华南地区。

【毒性】 2009 年在湖南省双峰县走马街镇发生 1 起中毒事件，3 名镇干部中毒。

胃肠炎型

168　拟臭黄菇 *Russula laurocerasi* Melzer

【形态特征】 担子果中等大。菌盖宽 5~10 cm，初期扁半球形，后平展，中部稍下凹，土黄色至污黄褐色，湿时黏，盖缘初时内卷，后平展，有由小疣组成的明显棱纹。菌肉污白色，表皮下带土黄白色，脆，味辣。菌褶直生，稍密，白色，往往出现污褐色斑。菌柄长 4~9 cm，直径 1~2 cm，近圆柱形，污白色至浅土黄色。担孢子球形或近球形，有小刺，直径 9.0~12.0 μm。

【生境】 生于阔叶林中地上。

【分布】 中国各地。

【毒性】 有毒。

胃肠炎型

169　污黄红菇 *Russula metachroa* Hongo

【形态特征】 子实体较小。菌盖直径 3~7.5 cm，扁平至近平展，中部下凹，表面污黄白色、污土黄色，似粉状，或黏，边缘平滑且后期有条棱。菌肉白色，伤处变浅黄褐色，具辛臭气味。菌褶污白色，老时变污黄色或褐色，直生。菌柄长 2~6 cm，直径 0.8~1.5 cm，同菌盖颜色，内部松软至空心。担孢子有疣刺，近球形，大小为 8.0~11.0 × 7.5~10.5 μm。

【生境】 林中地上群生。

【分布】 中国西北、西南、华中、华南地区。

【毒性】 不宜食用。

胃肠炎型

170 稀褶红菇 *Russula nigricans* Fr.

【形态特征】 子实体中等大或较大。菌盖直径 5~15 cm，初扁半球形，后平展，中部下凹，污白色至黑褐色，湿时黏，边缘初内卷，老后有不明显条纹。菌肉灰白色，较厚，伤后先变红褐色，后变黑色，稍带水果香味。菌褶宽，厚而稀疏，不等长，有时褶间有横脉，直生或凹生，白色，伤后变红色，后变浅黑色。菌柄圆柱形，长 4~8 cm，直径 1.5~3 cm，初污白色，后变黑褐色，质脆。担孢子无色，近球形，有小疣，结成较细的不完整网纹，大小为 6.5~9.5 × 6.0~9.0 μm。

【生境】 夏秋季于阔叶林或混交林中地上群生。

【分布】 全国各地均有分布。

【毒性】 对部分人员会导致胃肠炎型中毒，且易与剧毒的亚稀褶红菇 *Russula subnigricans* 相混淆，应避免食用。

171　点柄黄红菇 *Russula senecis* S. Imai

【形态特征】 担子果中等大。菌盖宽 5~9 cm，扁半球形至平展，中部稍下凹，污黄色至黄褐色，表面黏，表皮常龟裂脱落，盖缘有明显棱纹。菌肉污白色，表皮下带土黄白色。菌褶直生，不等长，有分叉，褶间有横脉，污白色至淡黄褐色。菌柄长 4~9 cm，直径 1.0~2.0 cm，近圆柱形，污黄色，具黑褐色小腺点。担孢子近球形，有小刺，大小为 $10.0~13.0 \times 9.0~12.0$ μm。

【生境】 夏秋季生于阔叶林中地上，常群生。

【分布】 中国各地。

【毒性】 有毒。2008 年 9 月 12 日，湖南省湘阴县发生一起 5 人中毒事件。

剩余物与现场采集标本对照

胃肠炎型

172 绯红肉杯菌 *Sarcoscypha coccinea*（Gray）Boud.

【形态特征】 子囊盘中等大，直径 3~6 cm，碗状，近无柄，子实层表面绯红色，子囊盘外表面同色但较浅，有少量白色绒毛。菌肉淡红色。子囊大小为 250~300 × 11~13 μm，含孢子 8 个，单行排列；子囊孢子无色，表面光滑，椭圆形至柱形，大小为 20~28 × 10~12.5 μm。侧丝呈线形，细长，无横隔，直径 2~4 μm。

【生境】 秋季生于落枝上，常群生。

【分布】 中国西南、华中、华南地区。

【毒性】 有毒。建议不要食用。

173　网硬皮马勃 *Scleroderma areolatum* Ehrenb.

【形态特征】 担子体球形至扁球形，直径 2~5 cm，下部缩成柄状基部。包被较软，厚 1~2 mm，表面土黄色，被网状龟裂的鳞片。孢体初期灰紫色，后期灰色至暗灰色，成熟后粉末状。担孢子球形至近球形，大小为 9~11 × 9~11 μm。

【生境】 夏季生于针叶林或针阔混交林中地上。

【分布】 中国西南地区。

【毒性】 有毒。可导致呕吐、腹泻，大量食用可导致昏迷。

胃肠炎型

174　光硬皮马勃 *Scleroderma cepa* Pers.

【形态特征】 子实体直径 2~10 cm，近球形至扁球形或梨形，黄白色、土黄色、黄褐色、灰黄褐色至近橙褐色，有青灰色至灰褐色裂片状鳞片，基部常有根状菌索。包被厚 1.5~4 mm，剖面初白色至带粉红色，伤后变淡粉红色至粉红褐色或淡褐色，干后变薄，后期呈不规则开裂，外包被则外卷或星状反卷。孢体幼时白色、松软，渐呈紫黑色，粉末状。担孢子直径 8~12 μm，球形或近球形，褐色，具长 1~2 μm 的小刺。

【生境】 夏秋季散生或群生于林中地上。

【分布】 中国华中地区。

【毒性】 有毒，能引起胃肠炎症状。

胃肠炎型

175　橙黄硬皮马勃 *Scleroderma citrinum* Pers.

【形态特征】 子实体直径 3~13 cm，近球形或扁圆形，土黄色、灰黄褐色至近橙黄色或橙褐色，表面初期近平滑，渐形成龟裂状鳞片，皮层厚，剖面带红色，成熟后变浅色。内部幼时白色，孢体成熟过程中的初期灰紫色，渐呈紫黑褐色，后期包被破裂散发孢粉。孢体中孢丝褐色，多分枝，直径 2.5~5.5 μm。担孢子直径 9~12 μm，具突起网纹，褐色。有锁状联合。

【生境】 夏秋季生于松林等林中或林缘地上，群生或单生。

【分布】 各地区均有分布。这是欧洲最常见的硬皮马勃，所以在欧洲又称为常见马勃，我国也相当普遍。

【毒性】 有毒，能引起肠胃不适或胃肠炎症状。眼鼻部分接触到它的孢子时，有可能引起流泪或结膜炎、鼻炎或鼻液溢等不良反应。

胃肠炎型

176 黄硬皮马勃（黄皮马勃，黄灰包）*Scleroderma flavidum* Ellis & Everh.

【形态特征】 子实体直径 4~9 cm，扁圆球形至近球形，无菌柄或有柄状基部。外包被新鲜时黄色至佛手黄色或杏黄色，后渐为黄褐色至灰青黄色，具深褐色至黑褐色的小斑片或小鳞片，成熟时呈不规则开裂。包被切面及内表面黄色至鲜佛手黄色。孢体灰褐色或紫灰色，后变暗棕灰色至灰褐色或紫黑色。担孢子 $5.8~7 \times 5.6~6.9$ μm（包括小刺直径为 7~10 μm），近球形至球形，黄褐色至暗褐色，厚壁，非淀粉质。

【生境】 夏秋季群生或单生于阔叶林或针阔混交林中地上。

【分布】 中国华中、华南等地区。

【毒性】 有毒，能引起胃肠炎症状。

177　美洲乳牛肝菌 *Suillus americanus*（Peck）Snell

【形态特征】　菌盖中等大小，直径 2~6 cm，污黄色至奶油黄色，近边缘常被有粉红色或红褐色毡状鳞片，边缘常有菌幕残余，但后期消失。菌肉淡黄色至米色，伤后不变色。子实层体表面黄色，成熟后污黄色至金黄色，伤后缓慢地变为淡褐色。菌孔辐射状排列。菌柄淡黄色至米色，被红褐色至褐色点状鳞片；基部有白色至粉红色菌丝。菌环污白色至黄色，易消失。担孢子 8~10×3.5~4 μm，近梭形。

【生境】　夏秋季生于五针松（华山松 *Pinus armandii*）及阔叶树混交林中地上。

【分布】　中国西南地区。

【毒性】　幼时可食，但老时有毒，建议不食。

胃肠炎型

178 点柄乳牛肝菌 *Suillus granulatus*（L.）Roussel

【形态特征】 菌盖中等大小，直径 4~10 cm，淡黄色或黄褐色，湿时黏滑，边缘内卷。菌肉奶油色至淡黄色。子实层体表面浅黄色至黄色。菌柄上部浅黄色至黄色，中部褐橘黄色，基部浅黄色至黄色；表面被深色的细点。担孢子 6.5~9.5 × 3.6~4 μm。

【生境】 夏秋季生于二针松或三针松林中地上。

【分布】 中国东北、华北、华中、华东和西南地区。

【毒性】 有毒，食后往往引起腹泻，建议不要食用。

179 褐环乳牛肝菌 *Suillus luteus*（L.）Roussel

【形态特征】 菌盖直径 3.4~7.2 cm，半球形至平展，黄褐色至深褐色，表面黏。菌肉乳白色至淡黄色，较厚。菌管稍延生，污黄色，放射状排列。菌柄长 7.3~9.6 cm，直径 0.8~1.4 cm，污黄褐色，基部稍膨大。菌环膜质，白色。担孢子 8.3~9.7 × 3.1~4.4 μm，长椭圆形，淡黄色。

【生境】 夏秋季单生或群生于落叶松林地上。

【分布】 各地区分布。

【毒性】 有毒。建议不要食用。

胃肠炎型

180　虎皮乳牛肝菌 *Suillus pictus*（Peck）A. H. Smith & Thiers

【形态特征】 菌盖直径 4.5~11 cm，半球形至扁平，淡黄褐色或酒红色。菌肉厚，淡黄色或土黄色，伤后微变红。菌管直生至延生，黄褐色。菌柄长 3.0~7.5 cm，直径 0.8~1.2 cm，具深褐色绒毛状鳞片，菌柄上部有残存菌环，乳白色或淡粉色。担孢子 8.3~9.7×3.4~4.4 μm，长椭圆形，淡黄褐色。

【生境】 夏秋季单生或散生于五针松林地上。
【分布】 中国东北、西南地区。
【毒性】 有毒。

181 松林乳牛肝菌 *Suillus pinetorum*（W. F. Chiu）H. Engel & Klofac

【形态特征】 菌盖中等大小，直径 3~8 cm，红褐色至淡褐色，光滑，湿时胶黏。菌肉奶油色至淡黄色，伤后不变色。子实层体延生，表面淡黄色，伤后不变色。管口较大，辐射状排列。菌柄与菌盖同色或稍淡，表面被褐色细小鳞片。菌环缺如。担孢子 $7~10 \times 3~4\ \mu m$。

【生境】 夏秋季生于三针松组成的针叶林中地上。

【分布】 中国东北、华东、华中、华南和西南地区。

【毒性】 有毒，食后往往引起腹泻。

本种酷似欧洲的黏盖乳牛肝菌 *Suillus bovinus*（L.）Roussel，二者可能是姐妹种。

182　琥珀乳牛肝菌（滑肚子）*Suillus placidus*（Bonord.）Singer

【形态特征】 菌盖中等大小，直径 6~10 cm，幼时近白色，成熟后米色至淡黄色，湿时黏滑。菌肉白色、米色至淡黄色。子实层体直生至延生，表面米色至黄色。菌柄表面被乳白至淡黄色、老时暗褐色的细点。担孢子 8~11 × 3.5~4.5 μm。

【生境】 夏秋季生于五针松林中地上。

【分布】 中国东北、西南和华南地区。

【毒性】 有毒，食后往往引起腹泻。

183 铅紫牛肝菌 *Sutorius eximius*（Peck）Halling et al.

【形态特征】 菌盖中等至大型，直径 5~12 cm，暗紫色、铅紫色至紫罗兰褐色，不黏或湿时稍黏。菌肉受伤不变色。子实层体表面成熟后淡紫色至粉褐色。菌管淡紫色至淡肉色。菌柄紫灰色至灰色，密被紫色至紫褐色细小鳞片。担孢子 11~14 × 3.5~4.5 μm。

【生境】 夏季生于亚热带针叶林中地上。

【分布】 中国华东、华中和西南地区。

【毒性】 有人采食，但建议少食或不食。

184 窄孢胶陀盘菌 *Trichaleuria tenuispora* M. Carbone et al.

【形态特征】 子囊盘直径 3~5 cm，高 4~6 cm，陀螺形，无柄。子实层表面灰黄色、灰褐色至深褐色。囊盘被褐色至暗褐色，被褐色至烟色绒毛，绒毛表面有细小颗粒。菌肉（子囊盘下层）强烈胶质。子囊 400~500 × 14~17 μm，近圆柱形，具 8 个子囊孢子。子囊孢子 26~34 × 9~12 μm，椭圆形至近椭圆形，外表具疣状纹。

【生境】 夏秋季生于腐木上。

【分布】 中国华南地区。

【毒性】 据记载有毒，能引起胃肠炎症状。

胃肠炎型

185　豹斑口蘑 *Tricholoma pardinum*（Pers.）Quél.

【形态特征】　菌盖中等大小，直径 5~10 cm，污白色，被褐色至暗褐色鳞片。菌褶弯生，污白色至淡褐色。菌柄白色，被淡褐色鳞片，基部膨大。菌环缺如。担孢子 8~10 × 6.5~7.5 μm。

【生境】　夏季生于针叶林或针阔混交林中地上。

【分布】　中国大部分地区。

【毒性】　有毒。20 世纪上半期，瑞典 20% 的蘑菇中毒是由该种所引起的。

胃肠炎型

186 皂味口蘑 *Tricholoma saponaceum*（Fr.）P. Kumm.

【**形态特征**】 菌盖中等大小，直径6~10 cm，中央稍凸起、暗灰褐色，其余部分橄榄色，至边缘变为黄色至污白色，不黏。菌肉白色，有肥皂味。菌褶弯生，米色，较稀。菌柄白色，被白色至灰色鳞毛，基部带有粉红色斑点。担孢子 4~5×3~3.5 μm。

【**生境**】 夏季生于各种阔叶林或针阔混交林中地上。

【**分布**】 中国大部分地区。

【**毒性**】 轻度有毒。建议不要食用。

胃肠炎型

187 赭红拟口蘑 *Tricholomopsis rutilans*（Schaeff.）Singer

【形态特征】 菌盖直径5~10 cm，扁半球形至平展，黄褐色至褐黄色，中部色较深，密被红褐色鳞片。菌肉厚 3 mm，黄色至黄褐色。菌褶淡黄色至黄色。菌柄长 5~10 cm，直径 0.5~2 cm，淡黄色至黄色，被红褐色鳞片。担孢子 6~7.5 × 4~5.5 μm，椭圆形至长椭圆形，光滑，无色，非淀粉质。缘生囊状体 50~120 × 10~25 μm，内有色素。

【生境】 夏季生于林中腐木上。

【分布】 中国大部分地区。

【毒性】 有毒。建议不要食用。

胃肠炎型

188 苦粉孢牛肝菌 *Tylopilus felleus*（Bull.）P. Karst.

【形态特征】 菌盖中等大小，直径 5~10 cm，灰白色至灰褐色。菌肉受伤不变色，味苦。子实层体表面淡粉色。菌柄淡褐色至褐色，中上部位具有明显的网纹结构，基部菌丝白色。担孢子 14~16 × 4.5~5.5 μm。

【生境】 夏秋季生于温带针叶林或针阔混交林中地上。

【分布】 中国东北地区。

【毒性】 有毒。建议不要食用。

189　新苦粉孢牛肝菌 *Tylopilus neofelleus* Hongo

【形态特征】 菌盖中等至大型，直径 5~16 cm，浅紫罗兰色至褐色。菌肉白色至污白色，受伤不变色，味苦。子实层体表面淡粉色，受伤不变色。菌柄褐色，顶端常淡紫色调，光滑，不具网纹，基部菌丝白色。担孢子 8~9 × 3~4 μm。

【生境】 夏秋季生于亚热带针叶林或针阔混交林中地上。

【分布】 中国华东、华中和西南地区。

【毒性】 有毒。

胃肠炎型

190 大丛耳菌 *Wynnea gigantea* Berk. et M.A. Curtis

【形态特征】 子囊盘长 4~8 cm，宽 2~3 cm，兔耳状，直立，边缘内卷，下部与菌核相连。子实层表面红褐色。囊盘被黄褐色，向下变为红褐色。菌核暗褐色，结状。子囊 280~300 × 15~20 μm，近圆柱形，具 8 个子囊孢子。子囊孢子 25~35 × 11~15 μm，近舟形，表面具纵向脊状纹，两端无明显乳头状突起。

【生境】 夏秋季丛生于林中地上。

【分布】 中国东北、华中地区。

【毒性】 有毒。

第五节 溶血型毒蘑菇

　　引起溶血型中毒的蘑菇种类主要是卷边桩菇 *Paxillus involutus*。卷边桩菇是一种在欧洲经常导致中毒的种类,生食或未完全煮熟可导致溶血型中毒。误食后症状出现快,一般 30 min 至 3 h 即出现恶心、呕吐、上腹痛和腹泻等肠胃症状。不久,溶血的发展导致尿液减少甚至无尿,尿液中出现血红蛋白,以及贫血。溶血会导致包括急性肾衰竭、休克、急性呼吸衰竭、弥散性血管内凝血等并发症。

191　卷边桩菇（卷边网褶菌）*Paxillus involutus*（Batsch）Fr.

【形态特征】　菌盖直径6~16 cm，初期半球形至扁半球形，后渐平展，中部下凹，呈漏斗状，边缘内卷，黄褐色至橄榄褐色，湿时稍黏，成熟后具少量绒毛至近光滑。菌肉较厚，浅黄色。菌褶延生，较密，有横脉，不等长，靠近菌柄部分的菌褶间联结成网状，黄绿色至青褐色，伤后变暗褐色。菌柄长5~9 cm，直径0.6~1.6 cm，圆柱形或基部稍膨大，偏生，实心，与菌盖同色。担孢子 6~11.5 × 5.5~7 μm，椭圆形，光滑，锈褐色。

【生境】　春末至秋季群生、丛生或散生于杨树等阔叶树林中地上。

【分布】　中国东北、西南地区。

【毒性】　有毒。但也有报道认为可食。我国过去报道的卷边桩菇（卷边网褶菌）*P. involutus* 可能包括多个分类单元。

192 东方桩菇 *Paxillus orientalis* Gelardi et al.

【形态特征】 菌盖中等大小，直径 4~5.5 cm，浅漏斗状，边缘内卷，菌盖表面污白色至淡灰褐色，被褐色鳞片。菌褶下延，密，污白色至淡褐色，伤后变为灰褐色。菌柄淡灰色至淡褐色，光滑。菌环缺如。担孢子 6~8 × 4~5 μm。

【生境】 夏秋季生于亚热带针阔混交林中地上。

【分布】 中国西南地区。

【毒性】 有毒。

193 红角肉棒菌 *Podostroma cornu-damae*（Pat.）Boedijn

【形态特征】 子座棒状，高 3~10 cm，直径 0.5~1 cm，有时呈指状分枝，先端钝圆或尖。表面红色、紫红色至橙红色，颜色十分鲜艳。菌肉白色，弹性较强。子囊孢子三角形或四角形，表面密生刺突，大小为 4~6.5 × 4~4.5 μm。

【生境】 夏季生于腐木上，罕见。

【分布】 中国华中、华南地区。

【毒性】 有毒。在日本、韩国发生多起中毒死亡事件。

第六节 横纹肌溶解型毒蘑菇

引起横纹肌溶解型症状的毒蘑菇包括油黄口蘑 *Tricholoma equestre* 和亚稀褶红菇 *Russula subnigricans* 两种，在我国主要由亚稀褶红菇引起，已导致数十人死亡。误食后发病快，在 1 h 内出现症状。开始表现为恶心、呕吐、腹痛、腹泻现象，24 h 后，出现全身乏力明显、肌肉痉挛性疼痛、胸闷、心悸、呼吸急促困难。出现血尿或血红蛋白尿，酱油色尿液。生化指标表现为肌酸激酶 CK 急剧上升，高的达到十万单位以上。严重者最后导致多器官功能衰竭死亡。

194 亚稀褶红菇 *Russula subnigricans* Hongo

【形态特征】 子实体中等至大型。菌盖直径 6~12 cm，成熟后中部常下凹，呈漏斗状，菌盖表面浅灰色至煤灰黑色，成熟后常向上反卷，边缘无条棱。菌肉白色，受伤后易变红色而不再变黑色，菌褶白色，伤后变红色。菌褶厚，稍密至稍稀疏，不等长，脆而易碎，直生。菌柄粗短，一般 5~9 cm，浅灰色，内部松软。担孢子球形或近球形，有疣和网纹，无色，大小为 7~9 × 6~7 μm。褶侧和褶缘囊体披针形或近梭形，53~88 × 9.5~12 μm。

【生境】 夏秋季 7 月上旬至 9 月下旬生长于马尾松与栲树等山毛榉科植物的混交林中。

【分布】 中国华东、华中、西南和华南地区。

【毒性】 剧毒。近年来在湖南、湖北、浙江、贵州、云南频频发生中毒事件，作者调查的 14 起导致中毒 88 人，死亡 45 人，死亡率高达 51%。该菌与老百姓经常采食的红菇属中的其他种类如稀褶红菇 *Russula nigricans*、密褶红菇 *Russula densifolia* 极为相似，老百姓都称为火炭菌，很难从外观形态上将它们区分开来。

横纹肌溶解型

受伤后变红色

第七节 光过敏性皮炎型毒蘑菇

引起光过敏性皮炎型的毒蘑菇有两种,即污胶鼓菌 *Bulgaria inquinans* 和叶状耳盘菌 *Cordierites frondosa*。误食中毒后潜伏期较长,最快食后 3 h 发病,一般在 1~2 天发病。主要表现为"日晒伤"样红、肿、热、刺痒、灼痛。严重者皮肤出现颗粒状斑点,针刺般疼痛,发痒难忍,发病过程中伴有恶心、呕吐、腹痛、腹泻、乏力、呼吸困难等症状。在日光下会加重。经 4~5 天后渐好转,病程长者可达 15 天。

光过敏性皮炎型

195 污胶鼓菌 *Bulgaria inquinans*（Pers.）Fr.

【形态特征】 子囊盘直径 3~15 mm，陀螺形，黄棕色至黑色。柄短。边缘及不育面具成簇的绒毛。菌肉质地坚硬，断面胶质。子囊筒形或近棒形，具长柄，有子囊孢子部分较长。子囊孢子两种：大孢子 11~14×6~7 μm，紫黑色；小孢子 5~7×2~4 μm，浅黄色，不等边，椭圆形。

【生境】 夏秋季散生或丛生于桦树、柞树、榆树等的倒木和木桩上，常生长在遮阴面，雨后大量出现。

【分布】 中国东北地区。

【毒性】 有光过敏型神经毒素，但经过特殊加工处理后可食用。

光过敏性皮炎型

196 叶状耳盘菌 *Cordierites frondosa*（Kobayasi）Korf

【形态特征】 子囊盘宽 1.5~3 cm，花瓣状、盘形或浅杯形，边缘波状。子实层表面近光滑。囊盘被有褶皱，黑褐色至黑色，由多片叶状瓣片组成，干后墨黑色，脆而坚硬。具短柄或不具柄。子囊 43~48×3~5 μm，细长，棒形。子囊孢子 5.5~7×1~1.5 μm，稍弯曲，近短柱形，无色，平滑。

【生境】 夏秋季生于阔叶树倒木或腐木上。

【分布】 中国东北和华中地区。

【毒性】 有毒。此种极似木耳，木耳产区多发生误食中毒。中毒症状同胶陀螺菌，表现为日光过敏性皮炎。

第八节　其他中毒类型毒蘑菇

其他中毒类型

197　毒沟褶菌 *Trogia venenata* Zhu L. Yang et al.

【形态特征】 菌盖长宽各 1~6 cm，扇形至花瓣状，粉红色至淡肉色，有时污白色至白色。菌肉薄，白色至淡粉红色，柔韧，无味。子实层延生，低矮，稀疏，淡粉红色至污白色。菌柄近圆柱形，较韧，基部菌丝白色。担孢子 6~8 × 4~5 μm。

【生境】 夏秋季生于亚热带常绿阔叶林或混交林下腐木上。

【分布】 中国西南地区。

【毒性】 有毒。从 1978 年起，在云南海拔 1800~2600 m 的山村，每年 7~9 月雨季都发生几十例不明原因的猝死。到 2006 年 8 月，云南不明原因猝死事件共发生了 100 多起，造成 300 多人死亡。经过调查，研究人员发现，2005~2006 年发生的 7 起聚集性猝死事件中，死者生前两周以内都食用过小白菌。从 2008 年起，我国专家从毒沟褶菌中通过动物试验活性追踪发现并分离纯化得到两个新的非蛋白氨基酸毒性成分，并从中毒死亡者心脏血液中检测出蘑菇中所含的新氨基酸，通过直接证据证实死者生前食用过该菌，并证明该菌是 30 多年来导致"云南不明原因猝死"的原因之一。

198 锐鳞环柄菇 *Lepiota aspera*（Pers. : Fr.）Quél.

【形态特征】 菌盖小型至中等，直径 4~10 cm，污白色、淡褐色至黄褐色，被同色或深色锥状或颗粒状鳞片，后期鳞片常脱落；菌盖边缘表皮延伸。菌褶离生，污白色，密。菌柄圆柱状，基部常膨大成球状，中空。菌环以上近光滑，以下被浅褐色、锥状、易脱落的鳞片。菌环膜质。担孢子 5.5~7.5×2~3 μm，侧面观长方椭圆形至近圆柱形。

【生境】 夏秋季生于公园或林中地上。

【分布】 中国东北、华北、华中、西南和西北地区。

【毒性】 有毒。

其他中毒类型

199　细环柄菇 *Lepiota clypeolaria*（Bull.: Fr.）P. Kumm.

【形态特征】　菌盖小型至中等，直径 3~9 cm，污白色，被浅黄色、黄色、黄褐色、浅褐色至茶褐色鳞片，边缘表皮有时延伸。菌褶离生，白色。菌柄被白色、污白色、浅乳色至浅褐色绒状鳞片，基部常具白色的菌索。担孢子 $11{\sim}15 \times 4.5{\sim}7$ μm，侧面观纺锤形或近杏仁形。

【生境】　夏秋季生于各种林中地上。

【分布】　中国东北、华北、西南和西北地区。

【毒性】　可能有毒。

其他中毒类型

200　冠状环柄菇 *Lepiota cristata*（Bolton：Fr.）P. Kumm.

【形态特征】　菌盖小型至中等，直径 1~5 cm，白色至污白色，被红褐色至褐色鳞片，中央具钝的红褐色光滑凸起。菌褶离生，白色。菌柄白色，后变为红褐色，光滑无鳞片，中空。菌环白色，膜质，易消失。菌肉常具令人作呕的气味。担孢子 5.5~8×2.5~4 μm，侧面观麦角形或近三角形。

【生境】　夏秋季生于林中、路边、草坪及沟渠边等地上。

【分布】　中国东北、华北、西南和西北地区。

【毒性】　有毒。

参 考 文 献

包海鹰. 2006. 毒蘑菇化学成分与药理活性的研究. 呼和浩特：内蒙古教育出版社.
包海鹰，李玉，图力古尔，陈作红，张志光. 2002. 长白山鹅膏菌肽类毒素的 HPLC 分析. 菌物系统，21（2）：234-238.
蔡箐，唐丽萍，杨祝良. 2012. 大型经济真菌的 DNA 条形码研究——以我国剧毒鹅膏为例. 植物分类与资源学报，34：614-622.
曹若明，刘仲，张济，刘守钦，孙延斌，张军，刘素华，刘岚铮，曹小丽，贾堂宏. 2011. 一起淡玫红鹅膏菌中毒事件处置报告. 山东大学学报（医学版），49（12）：160-164.
陈作红. 2014. 2000 年以来有毒蘑菇研究新进展. 菌物学报，33（3）：493-516.
陈作红，胡劲松. 2014. 鹅膏肽类毒素检测方法的历史与现状. 食品科学，35（8）：11-16.
陈作红，胡劲松，张志光，张平，李东屏. 2003. 我国 28 种鹅膏菌主要肽类毒素的检测分析. 菌物系统，22（4）：565-573.
戴玉成，图力古尔. 2007. 中国东北野生食药用真菌图志. 北京：科学出版社.
戴玉成，杨祝良. 2008. 中国药用真菌名录及部分名称的修订. 菌物学报，27：801-824.
戴玉成，周丽伟，杨祝良，文华安，图力古尔，李泰辉. 2010. 中国食用菌目录. 菌物学报，29：1-21.
邓旺秋，李泰辉，宋斌，陈作红. 2006. 致命鹅膏不同生长时期 α-amanitin 毒素的含量变化. 菌物学报，25（1）：109-114.
邓旺秋，李泰辉，宋斌，何洁仪，毛新武. 2005. 广东已知毒蘑菇种类. 菌物研究，3（1）：7-12.
董春玲，杨庆春，国春玲. 2005. 血液灌流联合血液透析治疗重症毒蕈中毒的临床观察. 实用临床医药杂志，9（8）：76-77.
方建江. 2011. 血液灌流联合血液透析救治重症毒蕈中毒 28 例临床分析. 中国现代医生，49（34）：141-142.
龚庆芳，张玉梅，谭宁华，陈作红. 2007. 亚稀褶黑菇的化学成分. 天然产物研究与开发，19（3）：436-438.
龚庆芳，张玉梅，谭宁华，陈作红. 2010. 三种毒菌的化学成分研究. 天然产物研究与开发，22（2）：185-188.

郭超，杨承亮，李新和，杨祝良，谢立璟. 2013. 一起条盖盔孢伞中毒事件的调查分析. 药物不良反应杂志，15（1）：583-587.

何晓玲，何介元. 1999. 紫灵芝救治蘑菇中毒的疗效分析. 食用菌学报，6（3）：47-48.

胡建友. 2002. 胶陀螺中毒二例报告. 北京医学，24（3）：216.

胡劲松，陈作红. 2014. 大孔吸附树脂联合葡聚糖凝胶 Sephadex LH20 分离制备鹅膏肽类毒素的研究. 菌物学报，33（3）：549-559.

胡劲松，陈作红，张志光，张平. 2003. 我国鹅膏菌新发现种——致命鹅膏（*Amanita exitialis*）的肽类毒素分析. 微生物学报，43（5）：642-646.

黄兆勇，唐振柱，陈兴乐，杨娟，方志峰，黄立嵘. 2006. 2000—2005 年广西毒蕈食物中毒情况分析. 应用预防医学，12（4）：211-213.

贾乐文，杭宏东，秦风琦，林洪丽，王可平. 2005. 血液透析和血液灌流治疗急性毒蕈中毒并发多脏器衰竭疗效分析. 中国血液净化，4（2）：104-105.

姜东辉，陈作红，汪明灯，张楠，王元元，胡敏红. 2016. DPMAS 联合血浆置换、CVVH 救治裂皮鹅膏中毒重症患者. 中华急诊医学杂志，25（6）：440-442.

蒋盛岩，张志光，张平. 2001. 亚稀褶黑菇中毒的临床表现和中毒机理探讨. 生物学杂志，18（1）：1-2.

金连梅，李群. 2009. 2004—2007 年全国食物中毒事件分析. 疾病监测，24（6）：459-461.

李泰辉，邓旺秋，宋斌，杨祝良，曹晖，陈学波，梁绍华. 2003a. 海南吊罗山已知食（药）用菌和毒菌（Ⅰ）. 中国食用菌，22（1）：6-7.

李泰辉，邓旺秋，宋斌，杨祝良，曹晖，陈学波，梁绍华. 2003b. 海南吊罗山已知食（药）用菌和毒菌（Ⅱ）. 中国食用菌，22（2）：11-12.

李西云，陶汝国，赵世文. 2003. 云南省 16 年毒蕈引起的食物中毒分析. 中国食品卫生杂志，15（1）：49-51.

李玉，李泰辉，杨祝良，图力古尔，戴玉成. 2015. 中国大型菌物资源图鉴. 郑州：中原农民出版社.

李玉，图力古尔. 2003. 中国长白山蘑菇. 北京：科学出版社.

刘林东，杨吉林，董丽宏，符琛，巴瑞琼. 2012. 联合治疗神经精神型毒蕈中毒 46 例临床分析. 昆明医学院学报，3：115-117.

柳洁，丁文健，何碧英，罗兰，黄蔷. 2013. 超高效液相色谱-电喷雾离子化-四级杆飞行时间串联质谱指纹图谱检测毒蕈中 4 种鹅膏肽类毒素. 分析化学，41（4）：500-508.

罗海波，何来英，叶伟杰，陈阳建，程春梅，王隽. 2015. 2004—2013 年中国大陆食物中毒情况分析. 中国食品卫生杂志，27（1）：45-49.

毛新武，李迎月，何洁仪，景钦隆. 2007. 广州市 2000—2005 年蘑菇中毒调查. 中国热带医学，7（1）：166-167.

卯晓岚. 1987. 毒蘑菇识别. 北京：科学普及出版社.

卯晓岚. 2000. 中国大型真菌. 郑州：河南科学技术出版社.

卯晓岚. 2006. 中国毒菌物种多样性及其毒素. 菌物学报，25：345-363.

穆源浦, 张肃. 1992. 1985—1990年我国毒蕈中毒现状分析. 卫生研究, 21 (3): 151-152.

彭德峰, 董保柱. 1995. 有毒木耳——叶状耳盘菌引起中毒的调查. 解放军预防医学杂志, 13 (2): 144-145.

任成山, 王伟强, 徐梓辉, 陆海华, 高全杰, 郭中杰, 袁发焕, 杨惠标, 钱桂生. 2007. 毒蕈中毒3638例临床分型的探讨. 中华内科杂志, 46 (3): 229-232.

谭铭雄, 李银宽, 马林, 李志方, 黎庆强, 区继军. 2002. 一起误食毒蕈导致8人死亡的食物中毒调查. 华南预防医学, 28 (2): 51-52.

图力古尔. 2012. 多彩的蘑菇世界. 上海: 科学普及出版社.

图力古尔. 2014. 中国真菌志. 第49卷, 球盖菇科 (1). 北京: 科学出版社.

图力古尔. 2016. 中国真菌志. 第56卷, 丝盖伞科. 北京: 科学出版社.

图力古尔, 包海鹰, 李玉. 2014. 中国毒蘑菇名录. 菌物学报, 33: 517-548.

图力古尔, 宋超, 李玉. 2010. 月夜菌 *Omphalotus japonicus* 子实体个体发育. 菌物学报, 29 (1): 132-137.

图力古尔, 王建瑞, 鲁铁, 刘宇, 程显好. 2014. 山东蕈菌生物多样性及其利用. 北京: 科学出版社.

王晋鹏, 黄新文, 郑保健. 2015. 以横纹肌溶解为特征的急性毒蕈中毒临床分析. 上海预防医学, 27 (8): 516-517.

王锐, 高永军, 丁凡, 谢荣恒, 王霄晔, 李群. 2014. 中国2004—2011年毒蕈中毒事件分析. 中国公共卫生, 30 (2): 158-161.

王娅芳, 周亚娟, 朱姝, 杨蕙. 2015. 2004—2013年贵州省毒蕈中毒事件流行病学特征分析. 中国食品卫生杂志, 27 (1): 49-53.

王玉玲, 包海鹰, 徐璐, 图力古尔. 2011. 玫瑰红鹅膏主要肽类毒素的HPLC测定及其对白色念珠菌的抑制活性. 微生物学报, 51 (9): 1205-1211.

魏宝阳, 陈作红, 张平, 张志光. 2005. 二羟鬼笔毒肽 (PHD) 的制备及其毒理研究. 菌物学报, 24 (1): 93-97.

文华安, 杨祝良, 李泰辉, 图力古尔, 包海鹰, 陈作红. 2013. 不可貌相的毒蘑菇. 科学世界, (10): 56-63.

翁学斌, 吉永贵, 周春萍, 张谷若, 钟嘉荣, 窦启平. 1991. 贵州省两种新毒菌食物中毒的调查研究. 贵州师范大学学报 (自然科学版), 9 (1): 5-9.

肖桂林, 陈作红, 李湘民, 李子剑, 张娟, 李洁. 2006. 灵芝煎剂治疗鹅膏毒菌中毒103例临床观察. 湖南中医药大学学报, 26 (5): 44-45.

熊国华, 刘伟宏. 2010. 灵芝治疗毒蕈中毒疗效分析. 昆明医学院学报, 31 (1): 105-108.

杨江英, 吴邦富, 江朝强, 黄荣华, 刘薇薇. 2003. 传统血液净化、血浆置换及MARS人工肝救治肝损害型白毒伞类毒蘑菇中毒. 中国血液净化, 2 (7): 395-398.

杨祝良. 2000. 试谈我国鹅膏菌的分类研究. 菌物系统, 19: 435-440.

杨祝良. 2002. 我国的几种剧毒鹅膏菌. 中国食用菌, 21 (3): 17-18.

杨祝良. 2005. 中国真菌志. 第27卷 鹅膏科. 北京: 科学出版社.

杨祝良. 2015. 中国鹅膏科真菌图志. 北京：科学出版社.

杨祝良，张平，陈作红. 2007. 蘑菇变戏法. 少年科普世界，（8）：22-24.

尹军华，张平，龚庆芳，陈作红. 2008. 亚稀褶黑菇和稀褶黑菇的 ITS 序列分析. 菌物学报，27（2）：231-236.

余思洋，王晓雯，赵江，刘辉，胡太芬，万青青，李娟娟，万蓉. 2012. 云南省 2004—2011 年野生蕈食物中毒分析. 中国食品卫生杂志，24（1）：71-73.

张丽芳，杨祝良. 2004. 大型真菌分子生物学实验材料的保存方法介绍. 菌物研究，2（2）：60-61.

张秀尧，蔡欣同. 2010. 超高效液相色谱三重四极杆质谱联用法快速检测尿液和血浆中鹅膏毒肽和鬼笔毒肽. 分析化学，38（1）：39-44.

张志光，周素荣，李常明，李东屏，张天晓. 1997. 灰花纹鹅膏及其毒性研究. 湖南师范大学自然科学学报，20（1）：68-71.

张志光，刘建强，陈作红，张平，李东屏，曹福祥，周素荣. 2002. 某市 36 起毒菌中毒事件调查. 现代预防医学，29（3）：301-304.

中国科学院微生物研究所真菌组. 1988. 毒蘑菇. 第 2 版. 北京：科学出版社.

周静，袁源，郎楠，尹黄，孙承业. 2016. 中国大陆地区蘑菇中毒事件及危害分析. 中华急诊医学杂志，25（6）：419-424.

周亚娟，魏桂兰，陈桂华. 2008. 一起黄粉牛肝菌食物中毒事件调查. 职业卫生与病伤，23（2）：115-116.

周亚娟，周长林，俞红，王娅芳，朱姝. 2014. 一起条盖盔孢伞中毒事件调查. 应用预防医学，20（6）：337-339.

Abuknesha RA, Maragkou A. 2004. A highly sensitive and specific enzyme immunoassay for detection of bata-amanitine in biological fluids. *Analytical and Bioanalytical Chemistry*, 379: 853-860.

Ahmed WHA, Gonmori K, Suzuki M, Watanabe K, Suzuki O. 2010. Simultaneous analysis of α-amanitin, β-amanitin, and phalloidin in toxic mushrooms by liquid chromatography coupled to time-of-flight mass spectrometry. *Forensic Toxicology*, 28: 69-76.

Apperley S, Kroeger P, Kirchmair M, Kiaii M, Holmes DT, Garber I. 2013. Laboratory confirmation of *Amanita smithiana* mushroom poisoning. *Clinical Toxicology* (*Philadelphia, Pa.*), 51 (4): 249-251.

Arima Y, Nitta M, Kuninaka S, Zhang D, Fujiwara T, Taya Y, Nakao M, Saya H. 2005. Transcriptional blockade induces p53-dependent apoptosis associated with translocation of p53 to mitochondria. *The Journal of Biological Chemistry*, 280 (19): 19166-19176.

Avin FA, Bhassu S, Shin TY, Sabaratnam V. 2012. Molecular classification and phylogenetic relationships of selected edible Basidiomycetes species. *Molecular Biology Reports*, 39 (7): 7355-7364.

Benjamin DR. 1995. Mushrooms: Poisons and Panaceas, A Handbook for Naturalists, Mycologists and Physicians, W. H. New York: Freeman and Company: 1-422.

Berger KJ, Guss DA. 2005a. Mycotoxins revisited: Part I. *The Journal of Emergency Medicine*, 28: 53-62.

Berger KJ, Guss DA, 2005b. Mycotoxins revisited: Part II. *The Journal of Emergency Medicine*, 28: 175-183.

Bergis D, Friedrich-Rust M, Zeuzem S, Betz C, Sarrazin C, Bojunga J. 2012. Treatment of *Amanita phalloides* intoxication by fractionated plasma separation and adsorption (Prometheus®). *Journal of Gastrointestinal and Liver Diseases*, 21 (2): 171-176.

Beug MW, Marilyn S, Cochran KW. 2006. Thirty-plus years of mushroom poisoning: summary of the approximately 2,000 reports in the NAMA Case Registry. *Mcilvainea*, 16: 47-68.

Boonpratuang T, Thummarukcharoen T, Chotjittrakorn P. 2014. *Entoloma* cf. *omiense*, new incident of poisonous mushroom from Thailand.The 10th International Mycological Congress, Bangkok: Thailand, ABS0664.

Cai Q, Tulloss RE, Tang LP, Tolgor B, Zhang P, Chen ZH, Yang ZL. 2014. Multi-locus phylogeny of lethal amanitas: implications for species diversity and historical biogeography. *BMC Evolutionary Biology*, 14: 143.

Chen ZH, Zhang P, Zhang ZG. 2014. Investigation and analysis of 102 mushroom poisoning cases in Southern China from 1994 to 2012. *Fungal Diversity*, 64: 123-131.

Chen ZH, Yang ZL, Zhang ZG. 2001. Three noteworthy Amanitae of subgenus *Lepidella* from China. *Mycotaxon*, 79: 275-284.

Danel VC, Saviuc PF, Garon D. 2001. Main features of *Cortinarius* spp. poisoning: a literature review. *Toxicon*, 39: 1053-1060.

Diaz JH. 2005. Syndromic diagnosis and management of confirmed mushroom poisonings. *Critical Care Medicine*, 33 (2): 427-436.

Dinis-Oliveira RJ, Soares M, Rocha-Pereira C, Carvalho F. 2015. Human and experimental toxicology of orellanine. *Human & Experimental Toxicology*, pii: 0960327115613845.

Defendenti C, Bonacina E, Mauroni M, Gelosa L. 1998. Validation of a high performance liquid chromatographic method for alpha amanitin determination in urine. *Forensic Science International*, 92 (1): 59-68.

Deng WQ, Li TH, Xi PG, Gan LX, Xiao ZD, Jiang ZD. 2011. Peptide toxin components of *Amanita exitialis* basidiocarps. *Mycologia*, 103: 946-949.

Deng WQ, Li TH, Li P, Yang ZL, 2014. A new species of *Amanita* section *Lepidella* from South China. *Mycological Progress*, 13 (2): 211-217.

Enjalbert F, Rapior S, Nouguier-Soulé J, Guillon S, Amouroux N, Cabot C. 2002. Treatment of amatoxin poisoning: 20-year retrospective analysis. *Journal of Toxicology: Clinical Toxicology*, 40 (6): 715-757.

Enjalbert F, Gallion C, Jehl F, Monteil H. 1993. Toxin content, phallotoxin and amatoxin composition of *Amanita phalloides* tissues. *Toxicon*, 31: 803-807.

Epis S, Matinato C, Gentili G, Varotto F, Bandi C, Sassera D. 2010. Molecular detection of poisonous mushrooms in different matrices. *Mycologia*, 102（3）：747-754.

Eren SH, Demirel Y, Serdal U, Can A, Korkmaz I, Güven FMK. 2010. Mushroom poisoning: retrospective analysis of 294 cases. *Clinics*, 65（5）：491-496.

Evenepoel P, Laleman W, Wilmer A, Claes K, Maes B, Kuypers D, Bammens B, Nevens F, Vanrenterghem Y. 2005. Detoxifying capacity and kinetics of prometheus-a new extracorporeal system for the treatment of liver failure. *Blood Purification*, 23（5）：349-358.

Filigenzi MS, Poppenga RH, Tiwary AK, Puschner B. 2007. Determination of alpha-amanitin in serum and liver by multistage linear ion trap mass spectrometry. *Journal of Agricultural and Food Chemistry*, 55（8）：2784-2790.

Flammer R. 1985. *Paxillus* syndrome: immunohemolysis following repeated mushroom ingestion. *Schweiz Rundsch Med Prax*, 74: 997-999.

Ge ZW, Chen ZH, Yang ZL. 2012. *Macrolepiota subcitrophylla* sp. nov., a new species with yellowish lamellae from southwest China. *Mycoscience*, 53: 284-289.

Ge ZW, Yang ZL. 2006. The genus *Chlorophyllum*（Basidiomycetes）in China. *Mycotaxon*, 96: 181-191.

Gonmori K, Minakata K, Suzuki M, Yamagishi I, Nozawa H, Hasegawa K, Wurita A, Watanabe K, Suzuki O. 2012. MALDI-TOF mass spectrometric analysis of α-amanitin, β-amanitin, and phalloidin in urine. *Forensic Toxicology*, 30: 179-184.

Graeme KA. 2014. Mycetism: a review of the recent literature. *Journal of Medical Toxicology*, 10: 173-189.

Grzymala S. 1965. Etude clinique des intoxications par les champignons du genre *Cortinarius orellanus* Fr. *Bulletin Medecine Legale Toxicologie*, 8: 60-70.

Gulikova DK, Gainullina ET, Ponsov MA, Rybal'chenko IV, Ryzhikova SB, Fateenkov VN. 2013. A rapid test for toxins from *Amanita phalloides* mushrooms. *Journal of Analytical Chemistry*, 68（12）：1089-1092.

Guzmán G. 2005. Species diversity of the genus *Psilocybe*（Basidiomycotina, Agaricales, Strophariaceae）in the world mycobiota, with special attention to hallucinogenic properties. *International Journal of Medicinal Mushrooms*, 7（1-2）：305-331.

Guzmán G, Allen JW, Gartz J. 2000. A worldwide geographical distribution of the neurotropic fungi, an analysis and discussion. *Annali del Museo Civico di Rovereto: Sezione Archeologia, Storia, Scienze Naturali*, 14: 189-280.

Guzmán G, Yang ZL. 2010. A new species of a bluing *Psilocybe* from Asia（Basidiomycota, Agaricales, Strophariaceae）. *Sydowia*, 62（2）：185-189.

Habtemariam S. 1996. Cytotoxicity of extracts from the mushroom *Paxilfus involutus*. *Toxicon*, 34: 711-713.

Herrmann A, Hedman H, Rosén J, Jansson D, Haraldsson B, Hellenäs KE. 2012. Analysis of the mushroom nephrotoxin orellanine and its glucosides. *Journal of Natural Products*, 75（10）：1690-1696.

Helfer AG, Meyer MR, Michely JA, Maurer HH. 2014. Direct analysis of the mushroom poisons α- and β-amanitin in human urine using a novel on-line turbulent flow chromatography mode coupled to liquid chromatography-high resolution-mass spectrometry/mass spectrometry. *Journal of Chromatography A*, 1325: 92-98.

Hu JS, Zhang P, Zeng J, Chen ZH. 2012. Determination of amatoxins in different tissues and development stages of *Amanita exitialis*. *Journal of the Science of Food and Agriculture*, 92: 2664-2667.

Iwafuchi Y, Morita T, Kobayashi H, Kasuga K, Ito K, Nakagawa O, Kunisada K, Miyazaki S, Kaminura A. 2003. Delayed onset acute renal failure associated with *Amanita pseudoporphyria* Hongo ingestion. *Internal Medicine*, 42 (1): 78-81.

Kaplan CD, Larsson KM, Kornberg RD. 2008. The RNA polymerase II trigger loop functions in substrate selection and is directly targeted by alpha-amanitin. *Molecular Cell*, 30 (5): 547-556.

Karlson-Stiber C, Persson H. 2003. Cytotoxic fungi-an overview. *Toxicon*, 42: 339-349.

Kaya E, Yilmaz I, Sinirlioglu ZA, Karahan S, Bayram R, Yaykasli KO, Colakoglu S, Saritas A, Severoglu Z. 2013. Amanitin and phallotoxin concentration in *Amanita phalloides* var. *alba* mushroom. *Toxicon*, 76: 225-233.

Kirchmair M, Carrilho P, Pfab R, Haberl B, Felgueiras J, Carvalho F, Cardoso J, Melo I, Vinhas J, Neuhauser S. 2012. *Amanita* poisonings resulting in acute, reversible renal failure: new cases, new toxic *Amanita* mushrooms. *Nephrology, Dialysis, Transplantation*, 27 (4): 1380-1386.

Leathem AM, Purssell RA, Chan VR, Kroeger PD. 1997. Renal failure caused by mushroom poisoning. *Journal of Toxicology, Clinical Toxicology*, 35: 67-75.

Lima AD, Costa Fortes R, Carvalho G, Novaes MR, Percário S. 2012. Poisonous mushrooms: a review of the most common intoxications. *Nutricion Hospitalaria*, 27 (2): 402-408.

Li HJ, Xie JW, Zhang S, Zhou YJ, Ma PB, Zhou J, Sun CY. 2015. *Amanita subpallidorosea*, a new lethal fungus from China. *Mycological Progress*, 14(6): 1-11.

Li P, Deng WQ, Li TH. 2014a. Molecular cloning of α-amanitin and characterization of its expression pattern in different parts and development stages of *Amanita exitialis* fruitbody. *Mycological Progress*, 13: 1011-1016.

Li P, Deng WQ, Li TH. 2014b. The molecular diversity of toxin gene families in lethal *Amanita* mushrooms. *Toxicon*, 83: 59-68.

Li P, Deng WQ, Li TH, Song B, Shen YH. 2013. Illumina-based *de novo* transcriptome sequencing and analysis of *Amanita exitialis* basidiocarps. *Gene*, 532 (1): 63-71.

Li TH, Yang ZL, Chen ZH, Song B, Deng WQ. 2005. Poisonous mushrooms known from China-species resources and distributions. Proceeding of the Fifth International Conference on Mushroom Biology and Mushroom Products. *Acta Edulis Fungi*, 12 (Supplement): 442-447.

Lee PT, Wu ML, Tsai WJ, Ger J, Deng JF, Chung HM. 2001. Rhabdomyolysis: an unusual feature with mushroom poisoning. *American Journal of Kidney Diseases*, 38 (4):

E17.

Leite M, Freitas A, Azul AM, Barbosa J, Costa S, Ramos F. 2013. Development, optimization and application of an analytical methodology by ultra performance liquid chromatography-tandem mass spectrometry for determination of amanitins in urine and liver samples. *Analytica Chimica Acta*, 799: 77-87.

Lin S, Mu M, Yang F, Yang C. 2015. *Russula subnigricans* poisoning: from gastrointestinal symptoms to rhabdomyolysis. *Wilderness & Environmental Medicine*, 26 (3): 380-383.

Maeta K, Ochi T, Tokimoto K, Shimomura N, Maekawa N, Kawaguchi N, Nakaya M, Kitamoto Y, Aimi T. 2008. Rapid species identification of cooked poisonous mushrooms by using real-time PCR. *Applied and Environmental Microbiology*, 74 (10): 3306-3309.

Magdalan J, Ostrowska A, Piotrowska A, Izykowska I, Nowak M, Gomułkiewicz A, Podhorska-Okołów M, Szelag A, Dziegiel P. 2010. alpha-Amanitin induced apoptosis in primary cultured dog hepatocytes. *Folia Histochemica et Cytobiologica*, 48 (1): 58-62.

Magdalan J, Piotrowska A, Gomułkiewicz A, Sozański T, Szeląg A, Dziegieł P. 2011. Influence of commonly used clinical antidotes on antioxidant systems in human hepatocyte culture intoxicated with alpha-amanitin. *Human & Experimental Toxicology*, 30 (1): 38-43.

Masayama A, Murakami T, Sakuma D, Ki M, Yamano T, Shimizu M. 2012. Discrimination of mushrooms causing food-poisoning incidents by using DNA sequence analysis. *Journal of the Food Hygienic Society of Japan*, 53 (5): 237-242.

Matsuura M, Saikawa Y, Inui K, Nakae K, Igarashi M, Hashimoto K, Nakata M. 2009. Identification of the toxic trigger in mushroom poisoning. *Nature Chemical Biology*, 5 (7): 465-467.

Mcknight TA, Mcknight KB, Skeels MC. 2010. Amatoxin and phallotoxin concentration in *Amanita bisporigera* spores. *Mycologia*, 102 (4): 763-765.

Mengs U, Pohl RT, Mitchell T. 2012. Legalon® SIL: the antidote of choice in patients with acute hepatotoxicity from amatoxin poisoning. *Current Pharmaceutical Biotechnology*, 13 (10): 1964-1970.

Nomura M, Suzuki Y, Kaneko R, Ogawa T, Hattori H, Seno H, Ishii A. 2012. Simple and rapid analysis of amatoxins using UPLC-MS-MS. *Forensic Toxicology*, 30: 185-192.

Passie T, Seifert J, Schneider U, Emrich HM. 2002. The pharmacology of psilocybin. *Addiction Biology*, 7 (4): 357-364.

Saviuc P, Danel V. 2006. New syndromes in mushroom poisoning. *Toxicological Reviews*, 25 (3): 199-209.

Schoch CL, Seifert KA, Huhndorf S, Robert V, Spouge JL, Levesque CA, Chen W, Fungal Barcoding Consortiuma. 2012. Nuclear ribosomal internal transcribed spacer (ITS) region as a universal DNA barcode marker for Fungi. *Proceedings of the National Academy of Science of the United States of America*, 109: 6241-6246.

Sheedy EM, van de Wouw AP, Howlett BJ, May TW. 2013. Multigene sequence data reveal morphologically cryptic phylogenetic species within the genus *Laccaria* in southern Australia. *Mycologia*, 105 (3): 547-563.

Spoerke DG, Rumack BH. 1994. Handbook of Mushroom Poisoning: Diagnosis and Treatment. London: CRC Press: 1-456.

Staack RF, Maurer HH. 2000. New Bühlmann ELISA for determination of Amanitins in urine-are there false positive results due to interferences with urine matrix, drugs or their metabolites. *Toxichem Krimtech*, 68 (2): 68-71.

Stefani FO, Jones RH, May TW. 2014. Concordance of seven gene genealogies compared to phenotypic data reveals multiple cryptic species in Australian dermocyboid *Cortinarius* (Agaricales). *Molecular Phylogentics and Evolution*, 71: 249-260.

Takahashi A, Agatsuma T, Matsuda M, Ohta T, Nunozawa T, Endo T, Nozoe S. 1992. Russuphelin A, a new cytotoxic substance from the mushroom *Russula subnigricans* Hongo. *Chemical & Pharmaceutical Bulletin*, 40 (12): 3185-3188.

Takahashi A, Agatsuma T, Ohta T, Nunozawa T, Endo T, Nozoe S. 1993. Russuphelins B, C, D, E and F, new cytotoxic substances from the mushroom *Russula subnigricans* Hongo. *Chemical & Pharmaceutical Bulletin*, 41 (10): 1726-1729.

Tylš F, Páleníček T, Horáček J. 2014. Psilocybin-summary of knowledge and new perspectives. *European Neuropsychopharmacology*, 24: 342-356.

Unluoglu I, Tayfur M. 2003. Mushroom poisoning: an analysis of the data between 1996 and 2000. *European Journal of Emergency Medicine*, 10: 23-26.

Vardar R, Gunsar F, Ersoz G, Akarca US, Karasu Z. 2010. Efficacy of fractionated plasma separation and adsorption system (Prometheus) for treatment of liver failure due to mushroom poisoning. *Hepatogastroenterology*, 57 (99-100): 573-577.

Vlaskin DN, Gainullina ET, Klyuster OV, Rybal'chenko IV, Ryzhikov SB, Taranchenko VF. 2006. Express method for detection of *Amanita phalloides* amanitine toxins. *Bulletin of Experimental Biology and Medicine*, 141 (1): 110-111.

Wang D, Bushnell DA, Westover KD, Kaplan CD, Kornberg RD. 2006. Structural basis of transcription: role of the trigger loop in substrate specificity and catalysis. *Cell*, 127 (5): 941-954.

Warden CR, Benjamin DR. 1998. Acute renal failure associated with suspected *Amanita smithiana* mushroom ingestions: a case series. *Academic Emergency Medicine*, 5: 808-812.

Wieland T. 1986. Peptides of Poisonous Amanita Mushrooms. New York: Springer: 1-257.

Winkelmann M, Stangel W, Schedel I, Grabensee B. 1986. Severe hemolysis caused by antibodies against the mushroom *Paxillus involutus* and its therapy by plasma exchange. *Klinische Wochenschrift*, 64: 935-938.

Wittebole X, Hantson P. 2011. Use of the molecular adsorbent recirculating system (MARS[TM]) for the management of acute poisoning with or without liver failure. *Clinical*

Toxicology(Philadelphia, Pa.), 49（9）: 782-793.
Wu HH, Tang SS, Huang ZQ, Zhou Q, Zhang P, Chen ZH. 2016. Hepatoprotective effects and mechanisms of action of triterpenoids from *Ganoderma lucidum*（higher basidiomycetes）on α-amanitin-induced liver injury in mice. *International Journal of Medicinal Mushrooms*（In press）.
Wu X, Zeng J, Hu JS, Liao Q, Zhou R, Zhang P, Chen ZH. 2013. Hepatoprotective effects of aqueous extract from *Ganoderma lucidum*（W. Curt.: Fr.）P. Karst.（higher basidiomycetes）on α-amanitin-induced liver injury in mice. *International Journal of Medicinal Mushrooms*, 15（4）: 383-391.
Yamaura Y. 2013. Recent trends of mushroom poisoning in Japan. *The Japanese Journal of Toxicology*, 26（1）: 39-43.
Yang WS, Lin CH, Huang JW, Fang CC. 2006. Acute renal failure caused by mushroom poisoning. *Journal of the Formosan Medical Association*, 105（3）: 263-267.
Yang ZL. 1994. Studies of the genus *Amanita* from southwestern China（1）. *Mycotaxon*, 51: 459-470.
Yang ZL. 1997. Die *Amanita*-Arten von Südwestchina. *Bibliotheca Mycologica*, 170: 1-240.
Yang ZL, Feng B. 2013. The genus *Omphalotus*（Omphalotaceae）in China. *Mycosystema*, 32: 545-556.
Yang ZL, Li TH. 2001. Notes on three white amanitae of section Phalloideae（Amanitaceae）from China. *Mycotaxon*, 78: 439-448.
Yang ZL, Li YC, Tang LP, Shi GQ, Zeng G. 2012. *Trogia venenata*（Agaricales）, a novel poisonous species which has caused hundreds of deaths in southwestern China. *Mycological Progress*, 11: 937-945.
Zhang P, Chen ZH, Xiao B, Tolgor B, Bao HY, Yang ZL. 2010. Lethal amanitas of East Asia characterized by morphological and molecular data. *Fungal Diversity*, 42: 119-133.
Zhang P, Chen ZH, Hu JS, Wei BY, Zhang ZG, Hu WQ. 2005. Production and characterization of amanitin toxins from a pure culture of *Amanita exitialis*. *FEMS Microbiology Letters*, 252: 223-228.
Zheleva A, Tolekova A, Zhelev M, Uzunova V, Platikanova M, Gadzheva V. 2007. Free radical reactions might contribute to severe alpha amanitin hepatotoxicity-a hypothesis. *Medical Hypotheses*, 69（2）: 361-367.
Zhou ZY, Shi GQ, Fontaine R, Wei K, Feng T, Wang F, Wang GQ, Qu Y, Li ZH, Dong ZJ, Zhu HJ, Yang ZL, Zeng G, Liu JK. 2012. Evidence for the natural toxins from the mushroom *Trogia venenata* as a cause of sudden unexpected death in Yunnan Province, China. *Angewandte Chemie*（*International Ed.*）, 51（10）: 2368-2670.
Zicari G, Gorrasi I, di Gioia S, Rossi MV, Traversi D, Rivetti D, Soardo V, Cerrato E, Carraro E, Gilli G, Ferrari P, Magliola R. 2011. Foodborne outbreaks surveillance in the Piedmont Region, Italy（2002—2009）. *Igiene E Sanita Pubblica*, 67（6）: 721-742.

真菌中文名索引

A

哀牢山炮孔菌　67，176
安蒂拉斑褶菇　67，153
暗花纹小菇　147
暗蓝斑褶菇　27
暗蓝粉褶蕈参照种　198
暗毛丝盖伞　23，136
奥米粉褶蕈　见　近江粉褶蕈

B

白粉褶蕈　197
白霜杯伞　23，142
半被毛丝膜菌　66，109
半卵形斑褶菇　158
半裸盖菇　27
半球盖菇　168
棒瑚菌　192
薄褶鹅膏　14
豹斑鹅膏　24
豹斑口蘑　267
北美黄鳞鹅膏　24
北美类脐菇　23
北美裸盖菇　27
鞭囊类脐菇　67，229
变黑湿伞　213
变红丝盖伞　133
变绿粉褶蕈　66，199
波地钟菌　见　皱盖钟菌

博迪鹅膏　21

C

残托鹅膏有环变型　128
残托鹅膏原变型　127
橙黄硬皮马勃　257
赤脚鹅膏　8，21，40，103
臭粉褶蕈　23
臭黄菇　248
春生鹅膏　8，14，61
纯黄白鬼伞　223
刺头鹅膏　21
丛毛小脆柄菇　160
丛生垂暮菇　67，218
丛生盔孢菌　14，89
粗柄鹿花菌　25
粗鳞丝盖伞　130

D

大孢黏滑菇　66，209
大丛耳菌　272
大毒黏滑菇　208
大鹿花菌　25
大青褶伞　8，29，30，56，187
单色盔孢菌　14
淡红鹅膏　8，9，11，14，16，61，65，83
地鳞伞　242
点柄黄红菇　8，29，253
点柄乳牛肝菌　260

蝶形斑褶菇　8
东方黄盖鹅膏　65,120
东方陀螺菌　206
东方桩菇　275
毒杯伞　23
毒沟褶菌　8,12,57,63,68,284
毒红菇　247
毒盔孢菌　14
毒丝膜菌　19
毒蝇鹅膏　23,24,见　鹅膏
毒蝇口蘑　24

E

俄勒冈盔孢菌　95
鹅膏　23,24,119

F

发光类脐菇　23
方孢粉褶菌　66,200
方形粉褶蕈　202
芳香杯伞　143
绯红肉杯菌　254
肥脚白鬼伞　8,29,224
肺形侧耳　57
粉黄黄肉牛肝菌　23,66,175
粪生斑褶菇　157
佛手笼头菌　190

G

沟条盔孢菌　66,97
古巴裸盖菇　27,67,162
冠状环柄菇　67,287
光帽丝盖伞　139
光硬皮马勃　256

H

蛤蟆菌　见　鹅膏
荷叶丝膜菌　19

褐环乳牛肝菌　261
褐鳞环柄菇　8,15,63,100
褐绒环柄菇　见　栗色环柄菇
黑斑褶菇　154
黑耳　203
黑胶耳　见　黑耳
黑鳞丝膜菌　110
黑木耳　57
红鬼笔　234
红褐湿伞　215
红褐丝盖伞　见　光帽丝盖伞
红黄鹅膏　61
红角肉棒菌　276
红孔牛肝菌　23,68,181
红笼头菌福岛变型　191
红托鹅膏　66,123
厚瓢牛肝菌　212
虎皮乳牛肝菌　262
琥珀乳牛肝菌　8,29,264
滑肚子　见　琥珀乳牛肝菌
华丽牛肝菌　见　华丽新牛肝菌
华丽新牛肝菌　23,179
环带斑褶菇　155
环带杯伞　23
环带丝膜菌　114
环纹苦乳菇　220
环纹炮孔菌　67,177
黄斑蘑菇　184
黄粉末牛肝菌　8,29,30,68,243
黄盖白膜鹅膏　21,24
黄盖鹅膏　58
黄盖鹅膏白色变种　86
黄盖鹅膏原变种　66,85
黄盖粪伞　166
黄鬼笔　235
黄褐盔孢菌　91
黄灰包　见　黄硬皮马勃
黄蜡鹅膏　58

黄鳞鹅膏 66,125
黄鳞伞 237
黄皮马勃 见 黄硬皮马勃
黄裙竹荪 196
黄丝盖伞 23
黄条纹粉褶蕈 见 近江粉褶蕈
黄硬皮马勃 258
黄枝瑚菌 244
黄棕丝膜菌 19,108
灰盖粉褶鹅膏 82
灰花纹鹅膏 7,8,10,14,57,61,65,79
灰鳞蘑菇 见 细褐鳞蘑菇

J

加州鹿花菌 25
假淡红鹅膏 8,9,14,61,66,87
假褐云斑鹅膏 8,21,40,66,107
假褐云斑鹅膏近似种 8,21,40
假红柄薄瓢牛肝菌 185
假黄盖鹅膏 65,122
假球基鹅膏 116
尖顶丝盖伞 138
尖顶丝膜菌 19
尖鳞伞 67,241
洁丽新香菇 228
洁小菇 23,148
近江粉褶蕈 66,201
近肉红环柄菇 15,101
近似鹅膏 21
晶粒小鬼伞 193
橘黄裸伞 66,152
卷边网褶菌 见 卷边桩菇
卷边桩菇 8,31,42,67,274
卷鳞丝盖伞 131

K

卡地鹿花菌 25
柯费鹿花菌 25

柯氏鹅膏 24
苦粉孢牛肝菌 8,29,270
宽孢红孔牛肝菌 68,180

L

兰茂牛肝菌 178
蓝灰斑褶菇 67,156
蓝绿类脐菇 23
棱柄马鞍菌 26
栗色环柄菇 15,67,99
栗色圆孔牛肝菌 207
烈唯毒丝盖伞 23
裂皮鹅膏 8,9,11,14,59,61,66,84
裂丝盖伞 140
林地盘菌 232
鳞柄白鹅膏 8,14,61,66,88
鹿花菌 25,59,169
轮纹乳菇 222
落叶杯伞 145
绿盖鹅膏 8,14,61,69

M

马鞍菌 172
毛钉菇 204
毛头鬼伞 195
美黄鹅膏 118
美丽枝瑚菌 245
美味扇菇 58
美洲乳牛肝菌 259
密褶红菇 32,246
棉毛丝盖伞 23,137
墨西哥裸盖菇 28
墨汁拟鬼伞 194

N

拟橙盖鹅膏 61
拟臭黄菇 250

拟荷叶丝膜菌 **111**
拟灰花纹鹅膏 **65,81**
拟鹿花菌 **25**
拟卵盖鹅膏 **8,21,40,65,105**
拟乳头状青褶伞 **8,29,189**
拟皱柄白马鞍菌 **171**
黏皮鳞伞 **67,239**

O

欧氏鹅膏 **8,9,21,40,58,65,106**

P

帕氏丝盖伞 **23**

Q

桤生鳞伞 **67,236**
浅褐陀螺菌 **205**
浅黄湿伞参照种 **214**
翘鳞伞 **67,240**
秋生盔孢菌 见 纹缘盔孢菌
球基鹅膏 **66,126**
铅绿褶菇 见 大青褶伞
铅青褶伞 见 大青褶伞
球孢鹿花菌 **25**
铅紫牛肝菌 **8,29,265**

R

热带紫褐裸伞 **66,149**
日本红菇 **29,249**
日本类脐菇 **58,67,230**
日本网孢牛肝菌 **210**
绒白乳菇 见 绒盖乳菇
绒盖乳菇 **221**
肉褐鳞环柄菇 **8,15,63,67,98**
锐鳞环柄菇 **285**

S

烧地鳞伞 **238**

蛇头菌 **225**
深凹杯伞 **144**
史密斯鹅膏 **21,22**
双孢鹅膏 **8,14,61**
松林乳牛肝菌 **263**
松塔鹅膏 **24**
苏梅岛裸盖菇 **8,27,67,163**

T

台湾光盖伞 **164**
苔藓盔孢菌 **93**
梯棱羊肚菌 **59**
甜苦丝盖伞 **132**
条盖盔孢菌 **8,14,16,63,66,96**
条缘裸伞 **150**
铜绿球盖菇 **68,167**
土红鹅膏 **124**
土黄韧伞 见 土黄沿丝伞
土黄丝盖伞 **135**
土黄沿丝伞 **226**
土味丝盖伞 **23,67,134**
退缩丝盖伞 **23**
退紫丝膜菌 **113**
脱皮大环柄菇 **56**

W

网孢海氏牛肝菌 **8,29,211**
网硬皮马勃 **255**
纹缘盔孢菌 **8,14,63,94**
污白丝盖伞 见 土味丝盖伞
污黄红菇 **251**
污胶鼓菌 **8,14,33,44,66,281**

X

稀褶红菇 **32,56,68,252**
喜粪裸盖菇 **67,161**
细褐鳞蘑菇 **183**
细环柄菇 **67,286**

细鳞丝膜菌　19
细条盔孢菌　90
纤细鹅膏　21
小白杯伞　23
小白毒鹅膏　见　裂皮鹅膏
小豹斑鹅膏　65,**121**
小毒蝇鹅膏　**117**
小褐丝盖伞　见　卷鳞丝盖伞
新苦粉孢牛肝菌　8,29,68,**271**
星孢丝盖伞　8,**129**
羞丝盖伞　**141**
靴鹅膏　**24**
血红丝膜菌　**112**
血红小菇　**146**

Y

亚稀褶红菇　7,8,12,14,32,43,56,63,68,**278**
烟色垂暮菇　67,**217**
叶状耳盘菌　8,14,34,44,57,66,**282**
异囊盔孢菌　**92**
异味鹅膏　8,21,65,**104**
隐花青鹅膏　57,61
油黄口蘑　32
疣孢褐盘菌　**233**
有毒新牛肝菌　8,29,**227**
月夜菌　见　日本类脐菌

Z

早生脆柄菇　**159**
皂味口蘑　**268**
窄孢胶陀盘菌　**266**
毡盖美牛肝菌　**186**
毡毛小脆柄菇　**165**
赭鹅膏　8,14,61
赭红赤褶菌　见　方形粉褶蕈
赭红拟口蘑　**269**
赭黄裸伞　**151**
赭鹿花菌　25,66,**170**
褶侧盘菌　**231**
指状钟菌　**174**
致命鹅膏　7~10,14,15,58,61,65,77
掷丝膜菌　19
中华牛肝菌　见　红孔牛肝菌
皱柄白马鞍菌　25,66
皱盖钟菌　**173**
朱黄湿伞　**216**
砖红垂幕菇　**219**

真菌拉丁名索引

A

Agaricus xanthodermus **184**
Amanita bisporigera 8,14,61
Amanita boudieri 21
Amanita caesareoides 61
Amanita cf. *pseudoporphyria* 8,21,40
Amanita cokeri 24
Amanita cothurnata 24
Amanita echinocephala 21
Amanita exitialis 7~10,14,15,58,61,65, **77**
Amanita fuliginea 7,8,10,14,57,61,65, **79**
Amanita fuligineoides 65, **81**
Amanita gemmata 21,24
Amanita gracilior 21
Amanita griseorosea **82**
Amanita gymnopus 8,21,40, **103**
Amanita hemibapha 61
Amanita ibotengutake **116**
Amanita kotohiraensis 8,21,65, **104**
Amanita manginiana 57,61
Amanita melleiceps **117**
Amanita mira **118**
Amanita muscaria 23,24, **119**
Amanita neoovoidea 8,21,40,65, **105**
Amanita oberwinklerana 8,9,21,40,58, 65, **106**
Amanita ocreata 8,14,61
Amanita orientigemmata 65, **120**
Amanita pallidorosea 8,9,11,14,16,61, 65, **83**
Amanita pantherina 24
Amanita parvipantherina 65, **121**
Amanita phalloides 8,14,61,69
Amanita proxima 21
Amanita pseudogemmata 65, **122**
Amanita pseudoporphyria 8,21,40,66, **107**
Amanita rimosa 8,9,11,14,59,61,69, **84**
Amanita rostiana 24
Amanita rubrovolvata 66, **123**
Amanita rufoferruginea **124**
Amanita smithiana 21,22
Amanita sp. 58
Amanita strobiliformis 24
Amanita subfrostiana 66, **125**
Amanita subglobosa 66, **126**
Amanita subjunquillea 58
Amanita subjunquillea var. *alba* **86**
Amanita subjunquillea var. *subjunquillea* 66, **85**
Amanita subpallidorosea 8,9,14,16,66, **87**
Amanita sychnopyramis f. *subannulata* **128**
Amanita sychnopyramis f. *sychnopyramis* **127**
Amanita tenuifolia 14
Amanita verna 8,14,61
Amanita virosa 8,14,61,66, **88**
Auricularia heimuer 57

B

Baorangia pseudocalopus **185**
Bolbitius titubans **166**
Bulgaria inquinans 8, 14, 34, 44, 66, **281**
Butyriboletus roseoflavus 23, 66, **175**
Caloboletus panniformis **186**

C

Chlorophyllum molybdites 8, 29, 30, 56, **187**
Chlorophyllum neomastoideum 8, 29, **189**
Clathrus archeri **190**
Clathrus ruber f. *kusanoi* **191**
Clavariadelphus pistillaris **192**
Clitocybe candicans 23
Clitocybe cerrusata 23
Clitocybe dealbata 23, **142**
Clitocybe fragrans **143**
Clitocybe gibba **144**
Clitocybe phyllophila **145**
Clitocybe rivulosa 23
Coprinellus micaceus **193**
Coprinopsis atramentaria **194**
Coprinus comatus **195**
Cordierites frondosa 8, 14, 34, 44, 57, 66, **282**
Cortinarius bolaris 19
Cortinarius cinnamomeus 19, **108**
Cortinarius gentiles 19
Cortinarius hemitrichus 66, **109**
Cortinarius nigrosquamosus **110**
Cortinarius orellanus 19
Cortinarius pseudosalor **111**
Cortinarius rubellus 19
Cortinarius salor 19
Cortinarius sanguineus **112**
Cortinarius traganus **113**
Cortinarius trivialis **114**

D

Dictyophora multicolor **196**

E

Entoloma album **197**
Entoloma cf. *chalybeum* **198**
Entoloma incanum 66, **199**
Entoloma murrayi 66, **200**
Entoloma omiense 66, **201**
Entoloma quadratum **202**
Entoloma rhodopolium 23
Exidia glandulosa **203**

G

Galerina fasciculata 14, **89**
Galerina filiformis **90**
Galerina helvoliceps **91**
Galerina heterocystis **92**
Galerina hypnorum **93**
Galerina marginata 8, 14, 63, **94**
Galerina oregonensis **95**
Galerina sulciceps 8, 14, 16, 63, 66, **96**
Galerina unicolor 14
Galerina venenata 14
Galerina vittiformis 66, **97**
Gomphus floccosus **204**
Gomphus fujisanensis **205**
Gomphus orientalis **206**
Gymnopilus dilepis 66, **149**
Gymnopilus liquiritiae **150**
Gymnopilus penetrans **151**
Gymnopilus spectabilis 66, **152**
Gyromitra ambigua 25
Gyromitra californica 25
Gyromitra caroliniana 25
Gyromitra esculenta 25, 59, **169**
Gyromitra fastigiata 25

Gyromitra gigas 25
Gyromitra infula 25, 66, **170**
Gyromitra korfii 25
Gyromitra sphaerospora 25
Gyroporus castaneus **207**

H

Hebeloma crustuliniforme **208**
Hebeloma sacchariolens 66, **209**
Heimioporus japonicas **210**
Heimioporus retisporus 8, 29, **211**
Helvella crispa 25, 66
Helvella elastica **172**
Helvella lacunosa 26
Helvella pseudoreflexa **171**
Hourangia cheoi **212**
Hygrocybe cf. *flavescens* **214**
Hygrocybe conica **213**
Hygrocybe spadicea **215**
Hygrocybe suzukaensis **216**
Hypholoma capnoides 67, **217**
Hypholoma fasciculare 67, **218**
Hypholoma lateritium **219**

I

Inocybe asterospora 8, **129**
Inocybe calamistrata **130**
Inocybe cincinnata **131**
Inocybe dulcamara **132**
Inocybe erubescens **133**
Inocybe fastigiata 23
Inocybe geophylla 23, 67, **134**
Inocybe godeyi **135**
Inocybe lacera 23, **136**
Inocybe lanuginosa 23, **137**
Inocybe napipes **138**
Inocybe nitidiuscula **139**
Inocybe patouillardi 23

Inocybe pudica 23
Inocybe rimosa **140**
Inocybe sororia 23
Inocybe whitei **141**

L

Lacrymaria lacrymabunda **165**
Lactarius vellereus **220**
Lactarius zonarius **222**
Laetiporus ailaoshanensis 67, **176**
Laetiporus zonatus 67, **177**
Lanmaoa asiatica **178**
Lepiota aspera **285**
Lepiota brunneo-incarnata 8, 15, 63, 67, **98**
Lepiota castanea 15, 67, **99**
Lepiota clypeolaria 67, **286**
Lepiota cristata 67, **287**
Lepiota helveola 8, 15, 63, **100**
Lepiota subincarnata 15, **101**
Leucocoprinus birnbaumii **223**
Leucocoprinus cepistipes 8, 29, **224**

M

Macrolepiota deters 56
Morchella importuna 59
Mutinus caninus **225**
Mycena haematopus **146**
Mycena pelianthina **147**
Mycena pura 23, **148**

N

Naematoloma gracile **226**
Neoboletus magnificus 23, **179**
Neoboletus venenatus 8, 29, **227**
Neolentinus lepideus **228**

O

Omphalotus flagelliformis 67, **229**

Omphalotus japonicus 58, 67, **230**
Omphalotus olearius 23
Omphalotus olivascens 23
Omphalotus subilludens 23
Otidea cochleata **231**

P

Panaeolus antillarum 67, **153**
Panaeolus ater **154**
Panaeolus cinctulus **155**
Panaeolus cyanescens 27
Panaeolus cyanescens 67, **156**
Panaeolus fimicola **157**
Panaeolus papilionaceus 8
Panaeolus semiovatus **158**
Panellus edulis 58
Paxillus involutus 8, 31, 42, 67, **274**
Paxillus orientalis **275**
Peziza arvernensis **232**
Peziza badia **233**
Phallus rubicundus **234**
Phallus tenuis **235**
Pholiota alnicola 67, **236**
Pholiota flammans **237**
Pholiota highlandensis **238**
Pholiota lubrica 67, **239**
Pholiota squarrosa 67, **240**
Pholiota squarrosoides 67, **241**
Pholiota terrestris **242**
Pleurotus pulmonarius 57
Podostroma cornu-damae **276**
Psathyrella gracilis **159**
Psathyrella kauffmanii **160**
Psilocybe coprophila 67, **161**
Psilocybe cubensis 27, 67, **162**
Psilocybe Mexicana 28
Psilocybe samuiensis 8, 27, 67, **163**
Psilocybe semilanceata 27

Psilocybe taiwanensis **164**
Psilocybe tampanensis 27
Pulveroboletus ravenelii 8, 29, 30, 68, **243**

R

Ramaria flava **244**
Ramaria formosa **245**
Rubroboletus latisporus 68, **180**
Rubroboletus sinicus 23, 68, **181**
Russula densifolia 32, **246**
Russula emetica **247**
Russula foetens **248**
Russula japonica 29, **249**
Russula laurocerasi **250**
Russula metachroa **251**
Russula nigricans 32, 56, 68, **252**
Russula senecis 8, 29, **253**
Russula subnigricans 7, 8, 12, 14, 32, 43, 56, 63, 68, **278**

S

Sarcoscypha coccinea **254**
Scleroderma areolatum **255**
Scleroderma cepa **256**
Scleroderma citrinum **257**
Scleroderma flavidum **258**
Stropharia aeruginosa 68, **167**
Stropharia semiglobata **168**
Suillus americanus **259**
Suillus granulatus **260**
Suillus luteus **261**
Suillus pictus **262**
Suillus pinetorum **263**
Suillus placidus 8, 29, **264**
Sutorius eximius 8, 29, **265**

T

Trichaleuria tenuispora **266**

Tricholoma equestre 32
Tricholoma muscarium 24
Tricholoma pardinum **267**
Tricholoma saponaceum **268**
Tricholomopsis rutilans **269**
Trogia venenata 8,12,57,63,68,**284**
Tylopilus felleus 8,29,**270**
Tylopilus neofelleus 8,29,68,**271**

V

Verpa bohemica **173**
Verpa digitaliformis **174**

W

Wynnea gigantea **272**